Visual Testing

宏观目视检测

李敞　主编

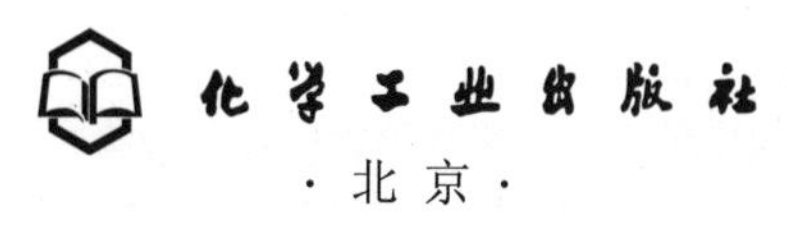

·北京·

图书在版编目（CIP）数据

宏观目视检测/李敞主编.—北京：化学工业出版社，2022.7

ISBN 978-7-122-41321-5

Ⅰ.①宏… Ⅱ.①李… Ⅲ.①无损检验-目测法 Ⅳ.①TG115.28

中国版本图书馆 CIP 数据核字（2022）第 074633 号

责任编辑：周 红　　文字编辑：朱丽莉 陈小滔
责任校对：刘曦阳　　装帧设计：王晓宇

出版发行：化学工业出版社（北京市东城区青年湖南街 13 号 邮政编码 100011）
印 装：大厂聚鑫印刷有限责任公司
710mm×1000mm 1/16 印张 10 字数 165 千字
2022 年 7 月北京第 1 版第 1 次印刷

购书咨询：010-64518888　　售后服务：010-64518899
网 址：http://www.cip.com.cn
凡购买本书，如有缺损质量问题，本社销售中心负责调换。

定 价：88.00 元

前言

宏观目视检测是检验检测最基础的工作，是 ISO 9712《无损检测 人员资格鉴定与认证》标准中无损检测方法的一类，缩写 VT（Visual Testing），一般是其它无损检测方法的前置检测。人们用视觉所进行的检测都称为目视检测。目视检测不受或很少受被检产品的材质、结构、形状、尺寸等因素的影响，一般情况下，无须复杂的设备器材，具有检测结果直观、真实、可靠、重复性好等优点。但是受到人眼分辨能力和仪器分辨率的限制，目视检测不能发现表面上非常细微的缺陷，且在观察过程中由于受到表面照度、颜色的影响容易发生遗漏现象。

欧美发达国家及日本等对设备表面要求和表面的目视检测十分重视，设备表面质量较好。一些发展中国家的设备，其表面质量与欧美发达国家及日本比较，还有一定差距。我国出口机电设备产品的返修及索赔事件中，相当多也是因表面质量或几何尺寸误差。

目前国内还没有系统介绍目视检测这种无损检测方法的书籍。我国特种设备行业的检验检测机构人员，生产单位的检测人员，有的是师傅带徒弟的传教方式，有的是自学，缺少系统规范的宏观目视检测培训。有的特种设备检测人员，对外观及几何尺寸检测不重视，对目视检验测量工具的使用不熟悉，对测量仪器设备的测量范围、精度要求、检定还是校准要求不了解，造成测试数据不准确。我国制造业从高速发展向高质量发展，产品质量要求从合格品转向精品，服务要求从通用服务转向定制化服务，目视检测操作需要更加规范，结果需要更加准确，需要培养细致的工匠精神。

本书从测量原理、缺陷分类、检测工器具、检测方法、特定设备的检验测量与检测工艺样板等环节，系统介绍了目视宏观检测的要求、常用量具和仪器、工艺等。

本书可以作为无损检测人员的专业培训教材，也可用于大专院校检验检测课程的教学，特别适用于特种设备检验行业的无损检测人员、检验人员工作学习参考，也适用于制造、安装、维修等生产单位和使用单位的检验人员学习参考。

本书由山东安泰化工压力容器检验中心有限公司李敞主编，山东科捷工程检测有限公司梁玉梅、中国重型汽车集团有限公司李孝露、济宁鲁科检测器材有限公司薛建祥、费斯托（中国）有限公司步真霞、宁波方太厨具有限公司赵书瀚、山东省特种设备检验研究院有限公司李以善和王云鹏等参与编写。书中参考了大量书籍，借用了一些专家的研究成果，在此一并感谢。

本书难免存在不足之处，诚恳希望读者批评指正。

编者

目录

第5章 宏观目视检测的应用实践 118

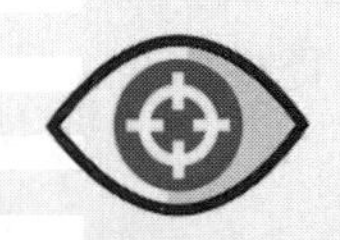

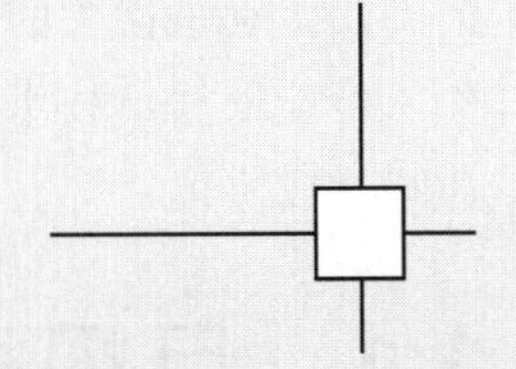

第1章 目视检测的人眼视觉及光学基础知识

检测是通过观察和判断，适当时结合测量、试验或估量所进行的符合性评价。质量检验是对产品的一个或多个质量特性进行观察、试验、测量，并将结果与规定的质量要求进行比较，以确定每项质量特性合格情况的技术性检查活动。

检验的分类：按产品形成过程分为进货检验、过程检验、最终检验；按检验的地点分为集中检验、现场检验、巡回检验；按检验手段分为理化检验、感官检验、实样试验检验；按检验产品数分为100%检验、抽样检验；按检验目的分为生产检验、验收检验、监督检验、验证检验、仲裁检验；按供需关系分为第一方检验、第二方检验、第三方检验；按检验人员分为自检、互检、专检；按检验后样品状态分为破坏性检验、非破坏性检验（无损检测）；按照产品的生命周期阶段分为生产过程阶段的检验（特种设备监督检验）和在役过程阶段的检验（特种设备定期检验）。

检验的作用：判定产品质量合格与否，证实产品的符合性，为质量评定和质量改进提供依据，验证过程质量（能力指数），提供质量信息，仲裁质量纠纷。

检验职能：鉴别职能、把关职能、预防职能、报告职能。主要职能是把关，鉴别是把关的前提，报告是把关的继续，预防有利于更好地把关。

检验依据：技术标准、产品图样及设计文件、工艺文件和订货或销售合同（或协议）等。

1.1 目视检测的概念及特点

无损检测（Non-destructive Testing，NDT）就是指在不损坏试件的前提下，对试件进行检查和测试的方法。多数情况下，目视检测是其它无损检测方法应用的前提。

无损检测是指对材料或工件实施一种不损害或不影响其未来使用性能或用途的检测手段。无损检测能发现材料或工件内部和表面所存在的缺欠，能测量工件的几何特征和尺寸，能测定材料或工件的内部组成、结构、物理性能和状态等，能应用于产品设计、材料选择、加工制造、成品检验、在役检查（维修保养）等多个方面，在质量控制与降低成本之间能起优化作用。无损检测的应用，可以保证产品质量、保障使用安全、改进制造工艺、降低生产成本。无损检测还有助于保证产品的安全运行和有效使用。

1.1.1 无损检测方法分类

无损检测的分类方法很多，不同时期、不同标准对无损检测方法的分类都有不同。按无损检测使用的检测原理可将无损检测方法分为如下几类，这也是国际标准分类法。

① 使用机械-光学技术：目视光学法、光弹层法、内窥镜法、应变计法。

② 使用射线透照技术：X射线照相法、γ射线照相法、中子射线法、透射测定法。

③ 使用电磁-电子技术：磁粉探伤法、涡流探伤法、核磁共振法、电流法、微波射线法。

④ 使用声-超声技术：超声脉冲回波法、超声透过法、超声共振法、声冲击法、声振动法、声发射法。

⑤ 使用热学技术：接触测温法、热电探头法、红外辐射法。

⑥ 使用化学分析：化学点滴试验法、离子散射法、X射线衍射法。

⑦ 使用成像技术：光学成像法、胶片照相法、荧光屏透视法、超声全息照相法、视频热照相法。

目前工业中所采用的无损检测方法有数十种，其中主要的有射线检测法、超声检测法、电磁检测法（包括涡流探伤法、测漏磁法和磁粉探伤法）、声发射检测法和液体渗透法等。

无损检测的最大特点是在不损伤材料和工件结构的前提下检测，具有一般检测所无可比拟的优越性。但是无损检测不能完全代替破坏性检测，也就是说在对设备进行评价时，将无损检测结果与破坏性检测结果（如爆破试验等）进行对比和验证，才能做出准确的判断。

在进行承压设备无损检测时，应根据检测目的，结合设备工况、材质和制造工艺的特点，正确选用无损检测实施时间。

对设备进行无损检测时，由于各种检测方法都具有一定的特点，为提高检测结果的可靠性，应根据设备的材质、制造方法、工作介质、使用条件和失效模式，预计可能产生的缺陷种类、形状、部位和取向，选择最合适的无损检测方法。

任何一种无损检测方法都不是万能的，每种方法都有自己的优点和缺点。因此，应尽可能多地采用几种检测方法，互相取长补短，取得更多的缺陷信息，从而对实际情况有更清晰的了解，以保证承压设备的安全长周期运行。

此外，在对工件或产品进行无损检测时，还应充分认识到无损检测的目的不是片面追求过高要求的“高质量”，而是应在充分保证安全性的前提下，着重考虑其经济性。只有这样，无损检测在设备上的应用才能达到预期的目的。

1.1.2　缺陷的概念与含义

缺陷是尺寸、形状、取向、位置或性质不满足规定的验收准则而拒收的一个或多个伤。缺欠是质量特性与预期状况的偏离。不连续是连续或结合的缺失；材料或工件在物理结构或形状上有意或无意的中断。伤（损伤）是用无损检测可检测到的，但不一定是拒收的缺欠或不连续。

焊接缺陷是焊接接头中的不连续性、不均匀性以及其它不健全性等的欠缺。焊接缺陷的存在使焊接接头的质量下降，性能变差。不同焊接产品对焊接缺陷有不同的容限标准。焊接缺陷主要包括：裂纹、孔穴、固体夹杂、未熔合及未焊透、形状和尺寸不良（形状缺陷）、其它缺欠。

铸造缺陷是在铸造加工过程中形成的缺陷。主要有：铸件尺寸超差，表面粗糙，表面缺陷，孔洞类缺陷（气孔、缩孔、缩松），裂纹和变形，其它缺陷（砂眼、渣孔、冷隔、跑火）。

锻件缺陷分为表面缺陷和内部缺陷。锻件的表面缺陷主要有裂纹、疏松、折叠等，锻件内部缺陷有缩孔、白点、心部裂纹、夹杂等。

1.1.3 目视检测

目视检测是利用目视光学法原理，观察、分析和评价被检件状况的一种无损检测方法，它仅指用人的眼睛或借助于某种目视辅助器材对被检件进行检测的方法。

直接目视检测是不借助于目视辅助器材（照明光源、放光镜、放大镜除外），用眼睛进行检测的一种目视检测技术。

间接目视检测是借助于反光镜、望远镜、内窥镜、光导纤维、照相机、视频系统、自动系统、机器人以及其它适合的目视辅助器材，对难以进行直接目视检测的被检部位或区域进行检测的一种目视检测技术。

1.1.4 目视检测的优缺点

优点是：原理简单，易于理解和掌握；不受或很少受被检产品的材质、结构、形状、位置、尺寸等因素的影响；无需复杂的检测设备、器材，检测结果直观、真实、可靠、重复性好。

缺点是：不能发现表面上非常细微的缺陷；观察过程中容易受到表面照度、颜色的影响；易受个人工作情绪的影响，发生漏检误判现象。

1.1.5 目视检测方法的工艺要求

目视检测方法作为一种无损检测方法，应当和其它无损检测方法一样执行严格的程序和作业规程，以保证检测和评判的准确性。无损检测可以检测并发现缺陷，但无损检测标准性很强，不同的方法、不同的标准可能会得出不同的检测结论。因此无损检测工作必须有严格的工艺规程、执行纪律、工作见证记录。应用无损检测，应满足无损检测委托书或无损检测任务书的要求。无损检测委托书或任务书中，应明确指定现成和适用的无损检测标准。若没有现成和适用的无损检测标准，可通过协商方式确定或临时制定经合同双方认可的专用技术文件，以解决无标准的问题。

无损检测文件和记录通常包括：委托书或任务书、执行标准、工艺规程、操作指导书（或工艺卡）、记录、报告、人员资格证书、其它与无损检测有关的文件。

无损检测工作事先应编制无损检测工艺规程。无损检测工艺规程应依据无损检测委托书或无损检测任务书的内容和要求，以及相应的无损检测标准的内容和要求进行编制。其内容应至少包括：无损检测工艺规程的名称和编号，编制无损检测工艺规程所依据的相关文件的名称和编号，无损检测工艺规程所适用的被检材料或工件的范围、验收准则、验收等级或等效的技术要求，实施本工艺规程的无损检测人员资格要求，何时何处采用何种无损检测方法，何时何处采用何种无损检测技术，实施本工艺规程所需要的无损检测设备和器材的名称、型号和制造商，实施本工艺规程所需要的无损检测设备（或仪器）校准方法（或系统性能验证方法）和编写依据和要求，被检部位及无损检测前的表面准备要求，无损检测标记和无损检测记录要求，无损检测后处理要求，无损检测显示的观察条件、观察和解释的要求，无损检测报告的要求，无损检测工艺规程编制者的签名，无损检测工艺规程审核者的签名，无损检测工艺规程批准者的签名。必要时，可增加雇主或责任单位负责人的签名和（或）委托单位负责人的签名，也可增加第三方监督或监理单位负责人的签名。

无损检测操作指导书应依据无损检测工艺规程（或相关文件）的内容和要求进行编制。其内容应至少包括：无损检测操作指导书的名称和编号，编制无损检测操作指导书所依据的无损检测工艺规程（或相关文件）的名称和编号，（一个或多个相同的）被检材料或工件的名称、产品号，被检部位以及无损检测前的表面准备，无损检测人员的要求及其持证的无损检测方法和等级，指定的无损检测设备和器材的名称、规格、型号，以及仪器校准或系统性能验证方法和要求（如检测灵敏度或测量精度），所采用的无损检测方法和技术、操作步骤及检测参数，对无损检测显示的观察（包括观察条件）和记录的规定和注意事项，操作指导书编制者、审核者、批准者的签名。必要时，可增加雇主或责任单位负责人的签名和（或）委托单位负责人的签名，也可增加第三方监督或监理单位负责人的签名。

应按无损检测操作指导书要求进行检测并做相应记录。检测和记录的人员应持有相应无损检测方法相应级别的证书，该人员应在每份无损检测记录上签名并对记录的真实性承担责任。

目视无损检测报告的内容应包含无损检测委托书或无损检测任务书的要求。

1.2　人眼的视觉特点及视觉系统

视觉过程是指视觉形成的过程，包括光学过程、化学过程和神经处理过程。外界物体反射来的光线，依次经过角膜、瞳孔、晶状体和玻璃体，并经过晶状体等的折射，最终落在视网膜上，形成一个物像。视网膜上有对光线敏感的细胞，这些细胞将图像信息通过视神经传给大脑的一定区域，人就产生了视觉。视觉形成过程可以表述为：光线→角膜→瞳孔→晶状体（折射光线）→玻璃体（固定眼球）→视网膜（形成物像）→视神经（传导视觉信息）→大脑视觉中枢（形成视觉）。眼睛如同一只自动变焦和自动改变光圈大小的照相机。从光学角度看，眼睛中三个最重要的部分是晶状体、瞳孔和视网膜，它们分别对应照相机中的镜头、光阑和底片，巩膜就相当于照相机的主体（机身）。人眼相当于一架照相机，它可以自动对目标调焦，人眼在视网膜上成的是倒像，由于视神经系统内部作用，我们感觉还是正立的。

1.2.1 人眼睛的结构

人的眼睛大小不一，平均统计规律，人的眼睛由眼球、视路、眼附属器构成，人眼球的结构见图 1-1。把眼睛作为一个整体，简化成一个折射球面的模型，一个正常人的眼睛，折射面的曲率半径约为 5.6mm，视网膜的曲率半径约为 9.7mm，成像焦距约为 22.3mm。

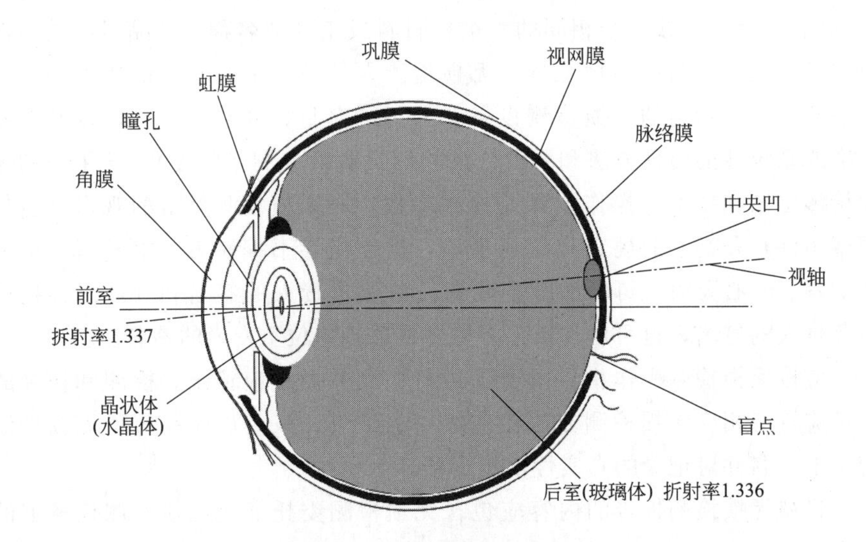

图 1-1 眼球结构示意图

眼球由巩膜所包围，巩膜在前方与透明的角膜相接续。巩膜是一层不透明的白色外皮，将整个眼球包围起来。

角膜是由角质构成的透明球面，厚度约为 0.55mm，折射率约为 1.377，外界的光线就是首先通过角膜进入眼睛的。

角膜后面的一部分空间称为前室，前室中充满了折射率约为 1.337 的透明液体，称为水状液，可向眼的各种组织提供营养，也有助于保持眼球的形状。前室的深度大约为3.0mm。

晶状体（水晶体）位于虹膜、瞳孔之后，玻璃体之前，借晶体悬韧带与睫状体联系，透明、无血管，是重要的屈光间质。它是由多层薄膜构成的一个双凸透镜，中间较硬，外层较软，在自然状态下，其前表面的半径约为10.2mm，后表面的半径约为6mm。各层的折射率不同，中央约为1.42，最外层约为1.373。借助于晶状体周围肌肉的作用，前表面的半径发生变化，以改变眼睛的焦距，使不同距离的物体都能成像在视网膜上。在眼的折光系统中，能够改变折光度的主要是晶状体，所以晶状体在眼的调节作用中起着重要的作用。

瞳孔在水晶体前，中央是一个圆孔，它能限制进入眼睛的光束口径。随着被观察物体的亮暗程度，它能相应地改变瞳孔直径，以调节进入眼睛的光能量。在正常情况下，我们看强光时瞳孔缩小，看弱光时瞳孔扩大，这叫做瞳孔对光反射。瞳孔对光反射的意义在于调节进入眼内的光量：强光下瞳孔缩小，减少进入眼内的光量，以保护视网膜不受过强的刺激；弱光下瞳孔扩大，增加进入眼内的光量，使视网膜能够得到足够的刺激。此外，看远处物体时瞳孔扩大，增加进入眼内的光量，看近处物体时瞳孔缩小，减少进入眼内的光量，使成像清晰。

后室是水晶体后面的空间，里面充满着一种与蛋白质类似的透明液体，叫做玻璃体，它的折射率约为1.336。

后室的内壁为一层由视神经细胞和神经纤维构成的膜，称为视网膜，厚度约为0.3mm，它是眼睛的感光部分，也是视觉神经系统的周边部分。

在视网膜与巩膜之间是布满血管的脉络膜，对视网膜起供给营养作用。脉络膜是视网膜的外面包围着的一层黑色膜，它的作用是吸收透过视网膜的光线，把后室变成一个暗室。

黄斑是视网膜上视觉最灵敏的区域。

盲点位置是神经纤维的出口，由于没有感光细胞，所以不能产生视觉。

眼球的运动由六块眼外肌来实现，这些肌肉的协调动作，保证了眼球在各个方向上随意运动，使视线按需要改变。两眼的眼外肌的活动相互协调，否则会造成视网膜复视或斜视。视网膜是一层包含上亿个神经细胞的神经组织，这些细胞按形态、位置的特征可分成8类，即色素上皮细胞、感光细胞、Muller细胞、水平细胞、双极细胞、无长突细胞、神经节细胞，以及网间细胞。其中只有感光细胞才是对光敏感的，光所触发的初始生物物理化学过程即发生在感光细胞中。

1.2.2 人眼睛的感光原理

感光细胞按其形状可分为两大类，即视杆细胞和视锥细胞。夜间活动的动物（如鼠）视网膜的感光细胞以视杆细胞为主，而昼间活动的动物（如鸡）则以视锥细胞为主。但大多数脊椎动物（包括人）则两者兼有之。视杆细胞在光线较暗时活动，有较高的光敏度，但不能进行精细的空间分辨，且不参与色觉。在较明亮的环境中以视锥细胞为主，它能提供色觉以及精细视觉。在人的视网膜中，视锥细胞约有600万～800万个，视杆细胞总数达1亿以上。它们以镶嵌的形式分布在视网膜中，其分布是不均匀的，在视网膜黄斑部位的中央凹区，几乎只有视锥细胞，这一区域不仅有很高的空间分辨能力，还有良好的色觉，对于视觉最为重要。在中央凹以外区域，两种细胞兼有，离中央凹越远视杆细胞越多，视锥细胞则越少。在视神经离开视网膜的部位，由于没有任何感光细胞，便形成盲点。

视杆细胞和视锥细胞均分化为内段和外段，两者间由纤细的纤毛相连。内段包含细胞核众多的线粒体及其它细胞器，与感光细胞的终末段相连；外段与视网膜的神经细胞形成突触联系。外段包含一群堆积着的小盘，这些小盘由细胞膜内褶而成。视杆细胞多数小盘已与细胞膜相分离，而视锥细胞小盘仍与细胞膜相连。在正常情况下，外段顶端的小盘不断脱落，而与内段相近的基部的小盘则不断向顶部迁移。但在视网膜色素变性等病理情况下，这种小盘的更新会发生障碍。视网膜细胞接收到的光强度能量，取决于人类对相同强度不同波长的光具有不同的敏感度。可感知的波长范围为380～780nm的光，称为可见光。其中人对绿色光（550nm）产生最大的光强敏感度。

在外段小盘上排列着对光敏感的色素分子，这种色素通称视色素，它在光照射下发生的一系列光化学变化是整个视觉过程的起始点。视杆细胞的视色素叫做视紫红质，它具有一定的光谱吸收特性，在暗中呈粉红色，每个视杆细胞外段包含多个视紫红质分子，视紫红质是一种由视蛋白和视黄醛两部分组成的色蛋白，它具有几种不同的空间构型。在暗处呈扭曲形的异构体，受光照后即转变为直线形的全反型异构体。全反型异构体不再能和视蛋白相结合，经过一系列不稳定的中间产物后，视黄醛与视蛋白相分离。在这一过程中，视色素分子失去其颜色。在酶的作用下，暗处的视黄醛又变为扭曲形的异构体，并重新与视蛋白相结合，完成视觉循环。在强光照射后，视紫红质大部分被漂白，其重新合成需要约1小时。随着视紫红质的复生，视网膜对光敏感度逐渐恢复，这是暗适应的光化学基础。视黄醛是维生素 A 的醛类，动物缺乏维生素 A 时，视觉循环受阻，会导致夜盲。

视锥细胞的视色素的结构与视紫红质相似，所不同的是视蛋白的类型；其分解和复生过程也相似。在具有色觉的动物的视网膜中，有 3 种视锥细胞，分别包含光谱吸收峰在光谱红、绿、蓝区的视色素，这种不同的光谱敏感性由其视蛋白的特异性决定。

感光细胞的兴奋由细胞膜对离子的通透性的变化所产生。感光细胞在不受光刺激时处于活动状态，即在暗中细胞膜的离子通道是开放的，钠离子流持续地从细胞外流入细胞内，细胞膜去极化。光照则引起离子通道关闭，使膜电导降低，整个感光细胞超极化，细胞兴奋。在暗处，由于钠离子流持续从胞外流入胞内，感光细胞细胞膜的静息电位较低，光照时钠通道关闭，钠电导下降，使膜电位接近钾离子的平衡电位，感光细胞的胞内电位变得更负，形成超极化。这是感光细胞电反应的重要特点。

感光细胞对物理强度相同，但波长不同的光，其电反应的幅度也各不相同，这种特点通常用光谱敏感性来描述。在具有色觉的动物（包括人）的视网膜中，数百万的视锥细胞按其光谱敏感性可分为 3 类，分别对红光、绿光、蓝光有最佳反应，与视锥细胞三种视色素的吸收光谱十分接近，色觉具有三变量性，任一颜色在原理上都可由 3 种经选择的原色（红、绿、蓝）相混合而得以匹配。在视网膜中可能存在着 3 种分别对红、绿、蓝光敏感的感光细胞，它们的兴奋信号独立传递至大脑，然后综合产生各种色觉。视网膜中三种视锥细胞有重叠的频率响应曲线，但响应强度有所不同，它们分别对红（570nm）、绿（535nm）、蓝（445nm）光最敏感，共同决定了色彩感觉。色盲的一个重要原因正是在视网膜中缺少一种或两种视锥细胞色素。

由于感光细胞在暗中保持去极化状态，其末端在暗中持续向第二级神经细胞释放递质，光照使细胞膜超极化，递质释放减少。

视网膜上亿的神经细胞排列成三层，通过突触组成一个处理信息的复杂网络。第一层是感光细胞；第二层是中间神经细胞，包括双极细胞、水平细胞和无长突细胞等；第三层是神经节细胞。它们间的突触形成两个突触层，即由感光细胞与双极细胞、水平细胞间突触组成的外网状层，以及由双极细胞、无长突细胞和神经节细胞间突触组成的内网状层。感光细胞兴奋后，其信号主要经过双极细胞传至神经节细胞，然后经视神经纤维传至神经中枢。在外网状层和内网状层信号又由水平细胞和无长突细胞进行调制，这种信号的传递主要是经由化学性突触实现的，感光细胞之间和水平细胞之间还存在电突触联系，彼此间相互作用。

视杆细胞的信号和视锥细胞的信号，在视网膜中的传递通路是相对独立的，直到神经节细胞才汇合起来。接收视杆细胞信号的双极细胞只有杆双极细胞，但接收视锥细胞信号的双极细胞，按其突触的特征可分为陷入型和扁平型两种，这两种细胞具有不同的功能特性。在外网状层，水平细胞在广阔的范围内从感光细胞接收信号，并在突触处与双极细胞发生相互作用。此外，水平细胞还以向感光细胞反馈的形式调制信号。在内网状层双极细胞的信号传向神经节细胞，而无长突细胞则把邻近的双极细胞联系起来。视杆和视锥细胞信号的汇合也可能发生在无长突细胞。

感光细胞的信号主要通过改变化学性突触释放的递质的量，向中间神经细胞传递。双极细胞和水平细胞的活动仍表现为分级电位的形式，并无神经脉冲。但它们不再像感光细胞那样，只是在光照射视网膜某一点时才有反应，而是泛及一个区域，它们感受的视网膜的范围明显增大。有的水平细胞甚至对光照视网膜的任何部位都有反应，这表明不同空间部位感光细胞信号的汇聚。特别重要的是，双极细胞的感受野呈现一定的空间构型。有些细胞在光照感受野中心时发生去极化，而在光照外周区时反应的极性发生了颠倒即超极化；另一些细胞的反应形式正好相反。水平细胞在这种中心-外周颉颃型的感受野的形式中起了重要的作用。这两种细胞在形态上分别与陷入型和扁平型双极细胞相当。

色觉是视觉的另一个重要方面。虽然颜色信息在感光细胞这一水平上是以红、绿、蓝3种不同的信号编码的，但这三种信号却并非像三色理论所假设的，各自由专线向大脑传递。在水平细胞中，不同颜色的信号以一种特异的方式汇合起来。如有的细胞在用红光照射时呈去极化，而用绿光照射时反应极性改变为超极化，另一些细胞的反应形式正相反。同样也有对绿蓝颜色呈颉颃反应的细胞。视网膜的其它神经细胞虽反应类型不同，但对颜色信号都是以颉颃方式做出反应的。在神经节细胞，这种颉颃式反应的形式更加完整，其中许多细胞在空间反应上也是颉颃的。有一种所谓双颉颃型细胞，当红光照射其感受野中心区时呈给光反应，照射其感受野周围区时呈撤光反应，而对绿光的反应形式正相反。这种颉颃型的编码形式，保证了不同感光细胞信号在传递的过程中不会混淆起来。这种方式正是色觉的另一种理论，即颉颃色理论所假设的。因此三色理论和颉颃色理论随着对客观规律认识的深化，在新的水平上辩证地统一起来了。网间细胞的细胞体与无长突细胞排列在同一水平，其突起在两个突触层伸展。它们从无长突细胞接收信号，又反馈到水平细胞，使视网膜成为一个完整的神经网络。

经过视网膜神经网络处理的信息，由神经节细胞的轴突即视神经纤维向中枢传递。在视交叉的部位，100 万条视神经纤维约有一半投射至同侧的丘脑外侧膝状体，另一半交叉到对侧，大部分投射至外侧膝状体，一小部分投射至上丘。在上丘，视觉信息与躯体感觉信息和听觉信息相综合，使感觉反应与耳、眼、头的相关运动协调起来。外侧膝状体的神经细胞的突起组成视辐射线投射到初级视皮层，进而再向更高级的视中枢投射。由于视神经的交叉，左侧的外侧膝状体和皮层与两个左半侧的视网膜相连，因此与视野的右半有关，右侧的外侧膝状体和右侧皮层的情况恰相反。一侧的外侧膝状体和皮层都接收来自双眼的信息输入，每侧均与视觉世界的对侧一半有关。在视通路不同部位发生损伤时，就会出现相应的视野缺损。

初级视皮层中的细胞按其对刺激特异性的要求，可分为简单细胞和复杂细胞。简单细胞对在视野中有一定部位的线段，光带或某种线形的边缘有反应。特别是它们要求线段等都有特定的朝向，具有这一朝向的刺激使细胞呈现最佳反应（脉冲频率最高）。最佳朝向随细胞而异，通常限定得相当严格，以致顺时针或逆时针地改变刺激朝向 10°或 20°，可使细胞反应显著减少乃至消失。因此，简单细胞所反映的已不再是单个孤立的光点，而是某种特殊排列的点群，这显然是一种重要的特征信息抽提。复杂细胞具有简单细胞所具有的基本反应特性，但其主要特征是它们对线段在视野中的确切位置的要求并不很严，只要线段落在这些细胞的感受野中，又具有特定的朝向，位置即使稍许位移，反应的改变并不明显。复杂细胞的另一个特征是，来自双眼的信息开始汇聚起来。不像外侧膝状体的细胞和简单细胞那样，只对一侧眼的刺激有反应，而是对两眼的刺激都有反应，但反应量通常是不等的，总是一只眼占优势，即对该眼的刺激可引起细胞发放更高频率的脉冲。这表明复杂细胞已开始对双眼的信息进行了初步的综合的处理。

具有相同最佳朝向或相似眼优势的细胞，在初级视皮层是聚集成群的，它们组成一个个自皮层表面延伸至深部的小柱形结构。在相邻的小柱之间，细胞的最佳朝向发生有规则的移动，眼优势也发生变化，常从左眼优势变为右眼优势，或相反。一般认为，除了这种等级性信息处理外，还存在着平行的信息处理过程，即从视网膜向中枢有若干并列的信息传递通路，这些通路有不同的目的地，担负着不同的信息处理功能。因此单一细胞本身并不代表完整的感觉，视觉中枢不同区域细胞活动的综合，才反映对一种复杂图像的辨认，而每个区域细胞只是抽提某种特殊的信息，如形状、颜色、运动等。

1.3 目视检测常用的几个光学概念及应用

光是一种电磁波，在真空的速度是 3×10^5km/s。人眼对波长为 380～780nm 的电磁波的刺激有光亮的感觉，人眼所能观察到的电磁波称为可见光，见图 1-2。人眼对波长为 380～780nm 的光还有彩色感觉，人眼对不同波长的光具有不同的敏感程度，称为人眼的视敏特性。

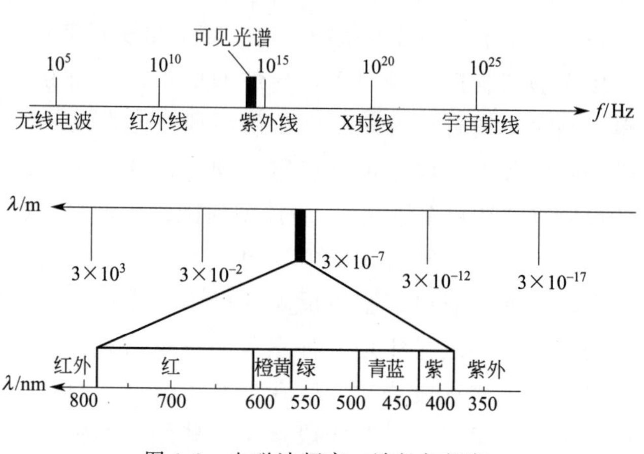

图 1-2 电磁波频率、波长与颜色

1.3.1 目视检测常用的光学概念

人眼所能感觉到的辐射功率称为光通量，它等于单位时间内某一波段的辐射能量和该波段的相对视见率的乘积。由于人眼对不同波长光的相对视见率不同，所以不同波长光的辐射功率相等时，其光通量并不相等。光通量一般用 Φ_v 表示，单位为 lm（流明）。

光强是发光强度的简称，表示光源在单位立体角内光通量的多少。国际单位是 cd。光强代表了光源在不同方向上的辐射能力。

光源（色源）分为发光的物体和不发光的物体。发光的物体是根据它的辐射光谱分布，引起人眼的一定彩色感觉；不发光的物体是因反射一定的光谱成分和吸收其余部分而呈现一定的彩色。

亮度是指发光体（反光体）表面发光（反光）强弱的物理量。亮度用符号 L 表示，亮度的单位是坎［德拉］每平方米（cd/m^2）。光源的明亮程度与发光体或受光体表面积有关系，同样光强的情况下，发光面积大，则暗，反之则亮。

照度（Illuminance）指物体被照亮的程度，采用单位面积所接收的光通量来表示，单位为勒克斯（lx），即 lm/m^2。

人眼在不同观察环境下的视觉灵敏度不同，分为明视觉和暗视觉。明视觉是在正常光照下眼睛的主观亮度感觉；暗视觉是在夜晚或在微弱光线下人眼的主观亮度感觉。

1.3.2　目视检测中被检表面亮度和色彩的应用

人眼对亮度变化的响应是非线性的，通常把人眼主观上刚刚可辨别亮度差别所需的最小光强差值称为亮度的可见度阈值。也就是说，当光强 L 增大时，在一定幅度内感觉不出，必须变化到一定值时，人眼才能感觉到亮度有变化，一般也称为对比灵敏度。人眼对暗色比较敏感，所需的亮度阈值小；对明亮的颜色，所需的亮度阈值大（见图 1-3）。

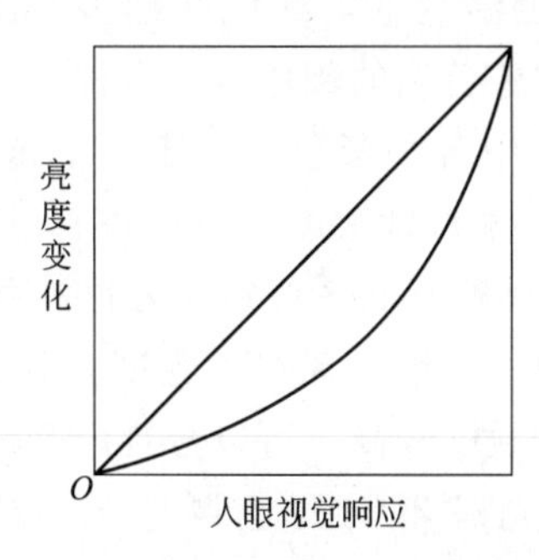

图 1-3　人眼视觉响应与亮度的关系

在压力容器目视检测中，操作人员通过光源将光线投射到被测物体表面来突出缺陷特征，合适的光照强度对缺陷定位、缺陷几何尺寸测量有着至关重要的作用。图 1-4 所示为在同一照明位置下分别使用高、低强度光照明时采集到的缺陷图像，其中图（a）为高光强照射下的缺陷图像，图（b）为低光强照射下的缺陷图像。可以发现高强度照明光线照射下，缺陷表面的照度值要比低强度照明光线下的照度值高，然而在低光强［图（b）所示］光路照射下，缺陷特征明显，并且还能够观察到缺陷与背景有明显的分界，反之高光强条件下不仅缺陷特征不明显，缺陷与背景之间的分界还较模糊，无法准确测量缺陷尺寸。可见，随着光照强度增强，缺陷特征并不一定会更加清晰，因此在实际目视检测工作中，应根据检测对象材料、表面特质调整光源强度，将受照表面的照度值控制在一个合适的范围内，以提高缺陷的辨识度。

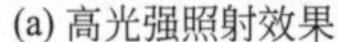
(a) 高光强照射效果　　(b) 低光强照射效果

图 1-4　不同光照强度对缺陷识别的影响

彩色视觉是人眼的一种明视觉。彩色光的基本参数有亮度、色调和饱和度。亮度指彩色光作用于人眼时引起人眼视觉的明暗程度。色调是指彩色光的颜色类别，色调与波长密切相关，波长不同，色调不同。饱和度指颜色的深浅程度，即颜色的浓度。色调和饱和度又统称为色度。

光源的辐射在可见区和绝对黑体的辐射完全相同时，此时黑体的温度就称为此光源的色温。色温越低，红色就越多，蓝色就越少；色温越高，蓝色就越多。具有相同相关色温的颜色有许多种。

人眼能分辨出自然界中各种彩色具有不同的饱和度，但对不同颜色的饱和度变化却有不完全一样的灵敏度。可以进行这样的实验，使各种波长色光的饱和度，由 100%逐渐降低一直到零为止，由此确定出视觉所能分辨出的饱和度变化的等级数。结果发现在黄色区人眼只能分辨出四级饱和度，而在红色、蓝色区域，灵敏度较高，可以分辨出 25 个等级。

人眼对不同波长的光有不同的色调感觉，严格地讲，只有波长为 572nm 的黄光、503nm 的绿光和 478nm 的蓝光，其色调不随光强而变化，其它波长的色光都随光强的改变略有变化。在可见光谱中，从紫到红分布着各种不同的颜色，人眼能分辨出色调差别的最小波长变化称为色调分辨阈值，其数值随波长而改变。人眼对 480～640nm 的波长区间色光的色调分辨力较高，其中对于 500nm（青绿色）和 600nm（橙黄色）两个波长，只要波长变化约 1nm，便可分辨出色调的变化。而从 655nm 的红色到可见光谱长波末端，以及从 430nm 的紫色到可见光谱短波末端，人眼几乎感觉不到色调的差别。当饱和度减小时，人眼的色调分辨力将下降；当亮度太大或太小时，色调分辨力也会下降。

三种视锥细胞的光谱吸收的峰值分别在红、绿和蓝波段。这三种颜色被称为人类视觉的三基色。实践证明，光谱上的大多数颜色都可以用红（Red）、绿（Green）、蓝（Blue）三种单色加权混合产生，基于 RGB 三基色的颜色表示称为 RGB 颜色模型。

物理三基色（实际存在的光），选定波长为 700nm 的红基色光（R）、波长为 546.1nm 的绿基色光（G）、波长为 435.8nm 的蓝基色光（B）。三基色光通量的比例为 1（红）：4.5907（绿）：0.0601（蓝）时，可配出标准白光。相加混色获得的光的颜色见图 1-5。

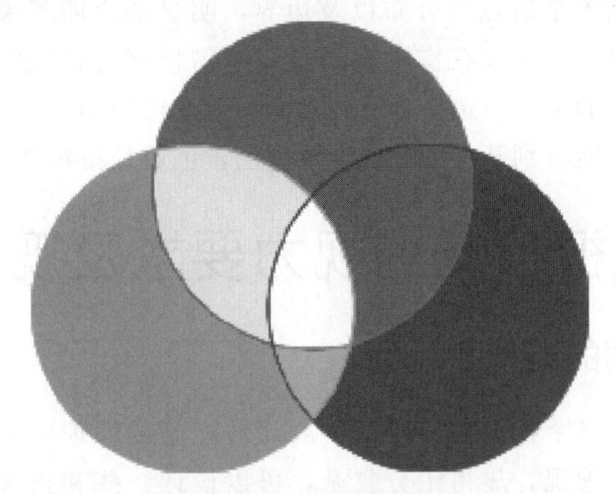

图 1-5　三基色混色

基础科学告诉我们，当两种色光以适当比例混合后能产生白光时，则这两种颜色就称为互补色。当互补色并列时，会引起强烈对比的色觉，使观察者感到红的更红、绿的更绿，在目视检测的表现就是对比度获得大幅度增强。根据十二相色环图，相隔 180°的两种颜色为互补色。通常，检测光源色彩的选用可以通过选取背景的互补色来增强对比度。

使用互补色来增强目标物与背景的对比度是表面检测中的一种常见手法，图 1-6 所示便是不同色光照射下表面特征变化的实例。图 1-6(a) 为白光照射下的正常表面图像，可以观察到在绿色表面上随机分布的暗红色斑点；图 1-6(b) 为红光照射下的表面图像；图 1-6(c) 为绿光照射下的表面图像。

(a) 原始图像

(b) 红光照射效果

(c) 绿光照射效果

图 1-6　不同颜色光照对图像识别的影响

从图 1-6(b) 可以看出，在红光照射下，原本表面分布的暗红色斑点因受到颜色相近的光源照射，自身与背景的对比度受到了削弱，可见斑点减少并且单个斑点的边界也变得模糊；图 1-6(c) 为绿光照射下的表面图像，暗红色斑点因受到互补色光源的照射，自身与背景的对比度获得增强，能够清晰地观察到各个斑点的分布以及边界，明显地表明了采用互补色进行表面检测效果显著。因此在实际检测过程中需根据待检缺陷颜色特征与背景颜色特征之间的关系，选择合适的光源颜色进行照明。

色盲是指不能辨别某些颜色或全部颜色，色弱是指辨别颜色能力较低。

1.4 目视检测的视力要求及观察特点

1.4.1 眼睛的成像及视力

由于眼内有多个折光体，要用一般几何光学的原理画出光线在眼内的行进途径和成像情况，显得十分复杂，可以设计一些和正常眼在折光效果上相同、但更为简单的等效光学系统或模型，称为简化眼。简化眼只是人工模型，但它的光学参数和其它特性与正常眼近似等值，可用来分析眼的成像情况和进行计算。常用的一种简化眼模型，设想眼球由一个前后径为 20mm 的单球面折光体构成，折光指数为 1.333；外界光线只在由空气进入球形界面时折射一次，此球面的曲率半径为 5mm，即节点在球形界面后方 5mm 的位置，后主焦点正相当于此折光体的后极，正好能使平行光线聚焦在视网膜上，如图 1-7 所示。

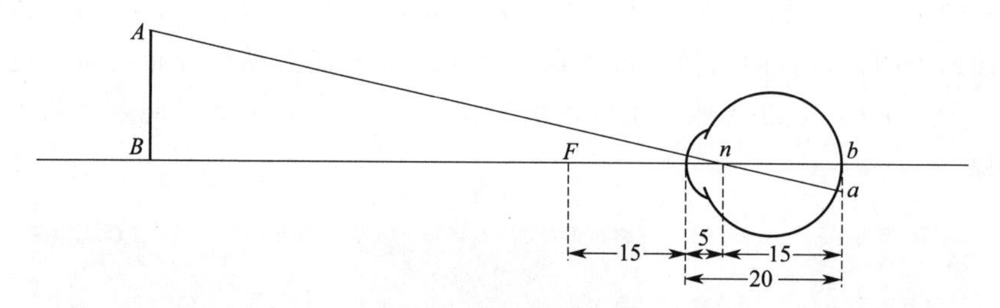

图 1-7　简化眼及其成像

眼睛固定注视一点或借助光学仪器注视一点时所看到的空间范围叫视场。物体的像要落在视网膜上，并且要落在黄斑中央的中央凹处，才能看清物体。对于远近不同的物体，人眼能够自动地调节眼睛中水晶体的焦距，使像落在视网膜上。眼睛自动改变焦距的过程称为眼睛的调节。明视距离是指正常的眼睛在正常照明下，最舒服的距离，大约为 250mm。

如图 1-8 所示，当肌肉完全放松时（通过调节），眼睛所能看清的最远的点称为远点，其相应的距离称为远点距，以 r 表示（单位：m）。当肌肉在最紧张时（通过调节），眼睛所能看清的最近的点称为近点，其相应的距离称为近点距，以 p 表示（单位：m）。正常眼睛的远点距为无穷远，非正常眼睛（远视或近视）的远点距为一正/负的有限值。正常眼睛的近点距约为眼前 100mm。

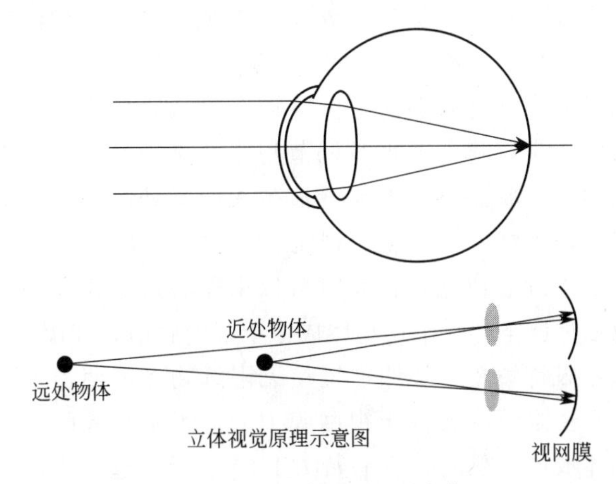

图 1-8　人的单眼和双眼成像

人眼的调节范围是用远点距 r 的倒数和近点距 p 的倒数之差来描述的，用 A 来表示，即

$$A=\frac{1}{r}-\frac{1}{p}=R-P \tag{1-1}$$

式中，A 为眼睛的视度调节范围或调节能力，单位为 D（屈光度）；远点距倒数 $\frac{1}{r}=R$ 称为远点视度；近点距倒数 $\frac{1}{p}=P$ 称为近点视度。

在医院和眼镜店通常把 1 屈光度称为 100 度。随着年龄的增大，近点位置往远移，远点位置往近移，因而调节范围减小。

双眼视物时，两眼视网膜上各形成一个完整的物像，由于眼外肌的精细协调运动，可使来自物体同一部分的光线成像于两眼视网膜的对称点上，并在主观上产生单一物体的视觉，称为单视。双眼视物时，主观上可产生被视物体的厚度以及空间的深度或距离等感觉，称为立体视觉。其主要原因是同一被视物体在两眼视网膜上的像并不完全相同，左眼从左方看到物体的左侧面较多，而右眼则从右方看到物体的右侧面较多，来自两眼的图像信息经过视觉高级中枢处理后，产生一个有立体感的物体的形象。然而，在单眼视物时，有时也能产生一定程度的立体感觉，这主要是通过调节和单眼运动而获得的。这种立体感觉的产生与生活经验、物体表面的阴影等也有关，良好的立体视觉只有在双眼观察时才有可能获得。双眼视觉的优点是可以弥补单眼视野中的盲区缺损，扩大视野，并产生立体视觉。

角膜和水晶体组成眼的屈光系统，相当于照相机的镜头。使外界物体在视网膜上形成倒像。角膜的曲率是固定的，但水晶体的曲率可经悬韧带由睫状肌加以调节。当观察距离变化时，通过水晶体曲率的变化，使整个屈光系统的焦距改变，从而保证外界物体在视网膜上成像清晰，这种功能叫做视觉调节。在角膜与水晶体之间，由虹膜形成的瞳孔起着光阑的作用，瞳孔在光照强时缩小，光照弱时扩大来调节进入眼的光量，也有助于提高屈光系统的成像质量，瞳孔及视觉调节均受自主神经系统控制。正常眼在肌肉完全放松的自然状态下，能够看清楚无限远处的物体，即远点应在无穷远，像焦点正好和视网膜重合。视觉调节失常时物体即不能在视网膜上清晰成像，就发生近视或远视，此时可以采用合适透镜来矫正。近视眼是人眼在完全放松情况下，无限远物体成像于视网膜前。如图 1-9 所示为近视眼的成像及佩戴眼镜矫正，加凹透镜使无限远物体经凹透镜后成像于该近视眼的远点处，在眼睛内成像于视网膜上。远视眼是人眼在完全放松情况下，无限远物体成像于视网膜后。如图 1-10 所示为远视眼的成像及佩戴眼镜矫正，凸透镜聚焦配合水晶体的聚焦，使无限远物体成像于视网膜上。

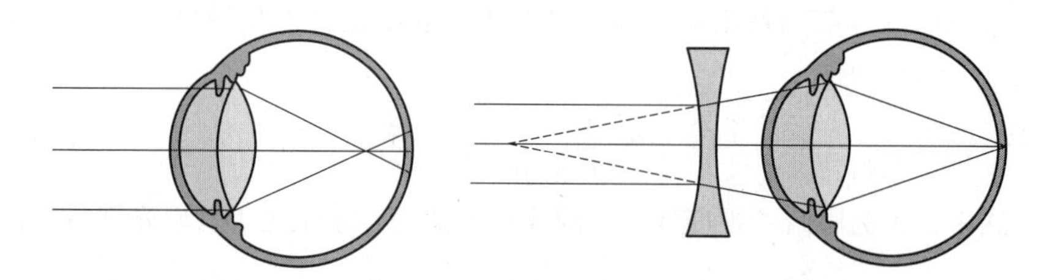

图 1-9　近视眼的成像及矫正

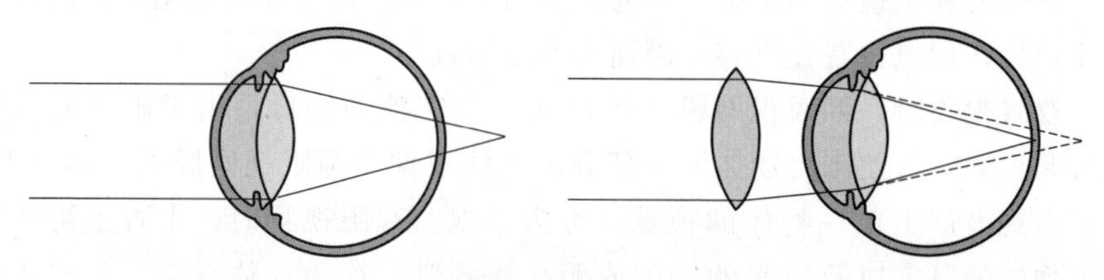

图 1-10　远视眼的成像及矫正

眼睛的空间分辨能力，即视力，通常以可分辨视角（degree）的倒数为单位。眼睛具有分开很靠近的两相邻点的能力，当我们用眼睛观察物体时，一般用两点间对人眼的张角来表示人眼的分辨率。试验证明：在良好的照度条件下，人眼能分辨的最小视角为 $1'$。要使观察不太费劲，视角需 $2'$～

4′，见图 1-11。为便于观察细小缺陷，可以采用放大缺陷以增加视角的方法。

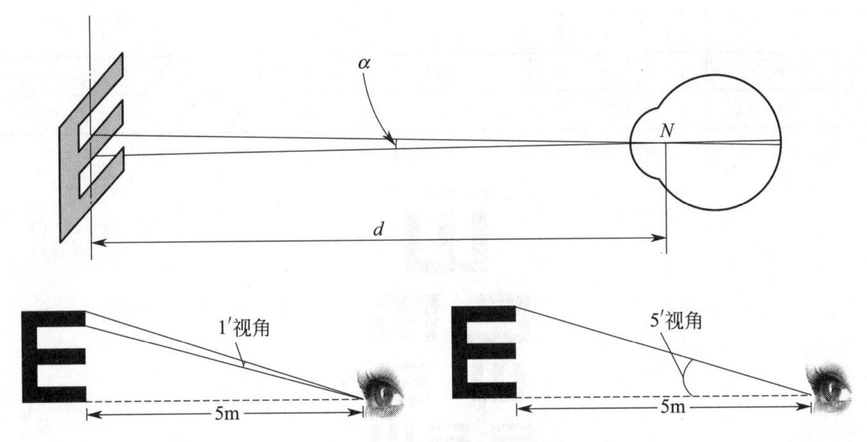

图 1-11　人眼视角示意图

视力检查主要是指近视力、远视力和色盲的检查。国际上通用的是兰道环视标，我国使用的是 E 形视标，测试时一般采用白底黑标，照度范围为 200～700lx，远视力检查距离为 5m，近视力检查距离为 25cm。根据标准视力对数表（GB 11533—2011），远视力表应置于被检眼前方 5m（即远视力表标准距离）处；或在被检眼 2.6m 处立一面垂直的镜子，以确保经反射后的总距离为 5m。远视力表视标数据见表 1-1，标准对数视力表见图 1-12。

表 1-1　远视力表视标数据

5 分记录 L	视角 α(′)	设计距离 D/m	视标边长/mm	小数记录 V(略值)
4.0	$10^{1.0}=10.000'$	50.00	72.72	0.1
4.1	$10^{0.9}=7.943'$	39.72	57.76	0.12
4.2	$10^{0.8}=6.310'$	31.55	45.88	0.15
4.3	$10^{0.7}=5.012'$	25.06	36.45	0.20
4.4	$10^{0.6}=3.981'$	19.91	28.95	0.25
4.5	$10^{0.5}=3.162'$	15.81	23.00	0.3
4.6	$10^{0.4}=2.512'$	12.56	18.27	0.4
4.7	$10^{0.3}=1.995'$	9.98	14.51	0.5
4.8	$10^{0.2}=1.585'$	7.93	11.53	0.6
4.9	$10^{0.1}=1.259'$	6.30	9.16	0.8
5.0	$10^{0}=1.000'$	5.00	7.27	1.0

续表

5分记录 L	视角 $\alpha(')$	设计距离 D/m	视标边长/mm	小数记录 V(略值)
5.1	$10^{-0.1}=0.794'$	3.97	5.78	1.2
5.2	$10^{-0.2}=0.631'$	3.15	4.59	1.5
5.3	$10^{-0.3}=0.501'$	2.51	3.64	2.0
$5-\lg\alpha$	10^{α}	5α	$5\times5000\alpha\rho$	$1/\alpha$

注：ρ 数学符号，$1'$的弧度数，其值为 2.90888×10^{-4}rad。

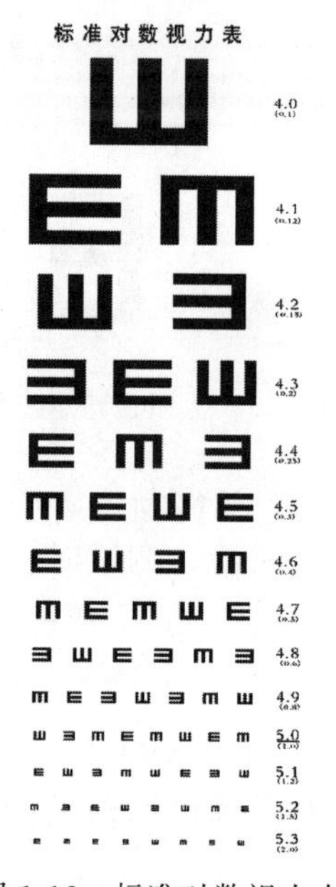

图 1-12　标准对数视力表

1.4.2　目视检测的观察要求

目视检测的必需条件：一般检测时，至少需要 500lx 光照强度，而用于检测或研究一些小的异常区时，至少要有 1000lx 的光照强度。光源可以是自然光源（日光），也可以是人工光源。人眼在与被检表面的距离不大于 600mm，与被检表面夹角大于 30°，以及采用自然光源或人工光源的条件下，能在 18%中性灰度卡上分辨出一条宽度为 0.8mm 的黑线，这是目视检测必须达到的分辨率。

检验检测时，遇到光亮度的变化，应考虑适应时间。比如刚一进入暗室或压力容器内部，突然变暗。选择的照明器具亮度过大，由暗处突然观察亮处，也需要适应时间，只是需要的时间长短不一样。眼睛能适应不同亮暗环境的能力称为适应。适应可分为明适应和暗适应。前者发生在由暗处到亮处时，适应时间大约是几秒；后者发生在由亮处到暗处时，适应时间大约为 30～60 秒。

脉冲反射式超声波探伤，人工观察显示屏，标准规定了探头移动速度不大于 150mm/s 的要求。影像在空间中的变化速度，用亮度呈空间正弦变化的条纹做测试，给定条纹频率 f 为一固定值，改变振幅，测试分辨能力。显然振幅越大分辨越清楚，测试不同条件下可分辨的最小振幅值，定义为对比敏感度。定义人眼对空间感觉的角度频率，表示眼球每转动一度扫过的黑白条纹周期数。对给定的条纹，这个值与人眼到显示屏的距离有关，对于同样大小的屏幕，离开越远，角度频率越大。通常人眼对空间的感觉相当于一个带通滤波器，最敏感在 2～5 角度频率，空间截止频率为 30 角度频率。比如我们看电视机屏幕时，当离开一定距离时，角度频率增大，人的眼睛就分辨不了像素点细节，便感觉不到颗粒感了。时间频率即画面随时间变化的快慢，时间频率响应还和平均亮度有关。在一般室内光强下，人眼对时间频率的响应也近似一个带通滤波器，对 15～20Hz 信号最敏感，有很强闪烁感，大于 75Hz 响应为 0，闪烁感消失。刚到达闪烁感消失的频率叫做临界融合频率。在较暗的环境下，呈低通特性，且临界融合频率会降低，这时对 5Hz 信号最敏感，大于 25Hz 闪烁基本消失。电影院环境很暗，放映机的刷新率为 24Hz 也不感到闪烁，这样可以减少胶卷用量和机器的转速。而电脑显示器亮度较大，需要 75Hz 闪烁感才消失。闪烁消失后，亮度感知等于亮度时间平均值。这种低通特性，也可以解析为视觉暂留特性，即当影像消失/变化时，大脑的影像不会立刻消失，而是保留一个短暂时间。生活中常感受到的动态模糊、运动残像也和这个有关。有很多电子产品设计利用了这一现象，例如 LED 数码管的动态扫描、LED 旋转字幕等。

磁悬液进行磁粉检测时，磁钳移动速度不能太快，一方面考虑流体流动速度，另一方面考虑眼睛观察速度。观察一个运动物体，眼球会自动跟随其运动，这种现象叫随从运动。这时眼球和物体的相对速度会降低，我们能更清晰地辨认物体。例如观看球类比赛（如棒球），尽管棒球的运动速度很快，由于随从运动，我们仍能看得到球的大概样子（但会有运动模糊）。如果我们眼睛跟着风扇转动方向转动，会发现对扇叶细节看得较清楚。眼球随从最大速度为 4°～5°/s，因此我们不可能看清楚一颗子弹飞行。

目视检测的检验速度也是有限制的。当人观察一个静止影像时，眼球不会静止一处，通常停留在一处几百毫秒完成取像后，移到别处取像，如此持续不断，这种运动称为跳跃性运动。研究表明跳跃性运动可以增大对比敏感度，但敏感度峰值却减小。由于人眼受神经系统的调节，从空间频率的角度来说，人眼又具有带通性线性系统的特性。由信号分析的理论可知，人眼视觉系统对信号进行加权求和运算，相当于使信号通过一个带通滤波器，结果会使人眼产生一种边缘增强感觉侧抑制效应。图像的边缘信息对视觉很重要，特别是边缘的位置信息。人眼容易感觉到边缘的位置变化，而对于边缘的灰度误差，人眼并不敏感。人眼的视觉掩盖效应是一种局部效应，受背景照度、纹理复杂性和信号频率的影响。具有不同局部特性的区域，在保证不被人眼察觉的前提下，允许改变的信号强度不同。

渗透检测和磁粉检测，通常要求显像与背景颜色反差越大越好。人类的眼睛会同时捕获色彩、形状、亮度等信息。人眼对亮度的响应具有对数非线性性质，以达到其亮度的动态范围。由于人眼对亮度响应的这种非线性，在平均亮度大的区域，人眼对灰度误差不敏感。人眼对亮度信号的空间分辨率大于对色度信号的空间分辨率。人类视觉系统对低频内容敏感程度高于高频内容。低频内容是指像素值不迅速改变的平面区域，高频内容是指像素值波动很大的角落和边缘地区。如果在平坦的表面有斑点，就可以很容易地被发现，但是如果在质地不平的表面就很难被发现。人眼对亮度的变化敏感程度高于颜色的变化。人类视觉系统对运动的事物很敏感。如果有东西在视野中移动，即使人们没有直视它，也能很快地意识到。眼睛沿水平方向运动比沿垂直方向运动快而且不易疲劳；一般先看到水平方向的物体，后看到垂直方向的物体。因此，很多仪表外形都设计成横向长方形。视线的变化习惯于从左到右，从上到下和顺时针方向运动，所以，仪表的刻度方向设计应遵循这一规律。人眼对水平方向尺寸和比例的估计比对垂直方向尺寸和比例的估计要准确很多，因而水平式仪表的误读率（28%）比垂直式仪表的误读率（35%）低。两眼的运动总是协调的、同步的，在正常情况下，不可能一只眼睛转动而另一只限睛不动；在一般操作中，不可能一只眼睛视物，而另一只眼睛不视物。因而通常都以双眼视野为设计依据。人眼对直线轮廓比对曲线轮廓更易于接受。颜色对比与人眼辨色能力有一定关系，当人从远处辨认前方的多种不同颜色时，其易辨认的顺序是红、绿、黄、白，即红色最先被看到。当两种颜色相配在一起时，则易辨认的顺序是：黄底黑字、黑底白字、蓝底白字、白底黑字等。

目视检测的一个角度范围见图 1-13。目视检测应从多个角度进行观察。不同角度的照射光路示意图见图 1-14。

当采用手电筒进行照明检测时，若采用高角度照明方式，则图像整体亮度偏高，缺陷与背景之间的对比度较低，且缺陷边缘不明显。而当采用低角度照明方式进行照射时，图像层次分明，缺陷与背景对比度较高，缺陷特征较明显。之所以高、低角度照明效果差别如此之大，是因为在高角

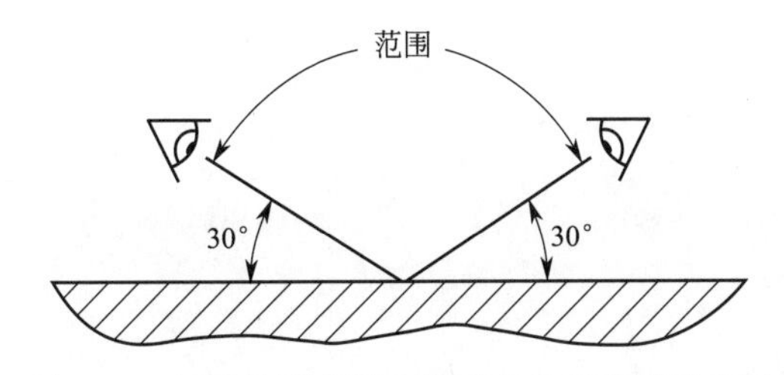

图 1-13　目视检测人眼有效观察角度范围示意图

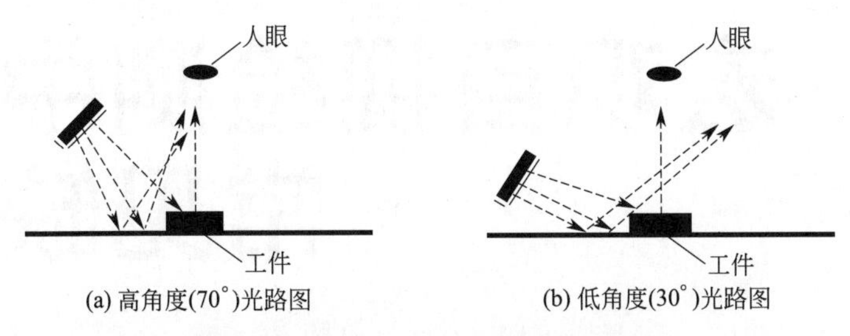

图 1-14　不同角度的照射光路示意图

度照明条件下，来自大面积光滑表面的大量反射光进入人眼，来自裂纹缺陷的反射光相对较少，因此不易辨识。而当采用低角度照明方式时，来自光滑表面的反射光被大量散射，进入人眼的缺陷反射光比例相对增加，因此缺陷的辨识度较高。

在古代，人类主要靠肉眼来认识世界，是对世界的直接观察。后来人类在不断摸索中发现了一些宝石或者晶体可以磨成或者凸或者凹的形状，它们可以帮助人们看清一些肉眼看得不太清楚的事物。慢慢地放大镜和显微镜发明出来，借助放大镜或显微镜将其放大，使像的视角大于人眼的极限分辨角，扩大视角是目视光学仪器的第一个要求。人的视觉能力得到初步扩展，显微镜打开了微观世界的大门，使人们认识到丰富多彩的微观世界。人眼在观察物体时是完全放松的自然状态，即无限远目标成像到视网膜上。在利用仪器观察时，目标通过仪器后应成像在无限远处，即要求仪器射出平行光束，在放大镜和眼镜的基础上，制成了望远镜及天文望远镜，用于观察天体。

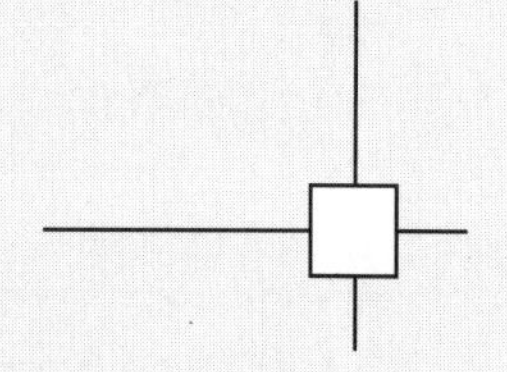

第2章 宏观目视检测中的常见缺陷

宏观目视检测中的常见缺陷多种多样，危害程度不同，产生的原因有多个方面，检测的方法需要根据缺陷特征、产生原理，检测方法的特点来合理选择。

2.1 金属结构的尺寸及形位缺陷

2.1.1 设计形状或结构不合理

设备或工件设计形状或结构不合理，表现为多种形式。强度计算不准确，导致选择的结构件材料厚度不足、焊缝尺寸不够、补强面积不足、刚度和稳定性不足等；没有考虑使用过程中温度的变化，热胀冷缩的膨胀量预留不够；采用了搭接接头、十字焊缝等标准规程不允许的接头形式。

2.1.2 选材和状态要求不合理

结构件或零部件的选用材料的加工方法、化学成分、热处理状态、力学性能等不符合设计要求。

2.1.3　几何尺寸不符合要求

（1）尺寸公差不符合要求

尺寸是用特定长度或角度单位表示的数值。长度包括直径、半径、宽度、深度、高度和中心距等。尺寸由数值和特定单位两部分组成。

公称尺寸是由设计给定，设计时可根据零件的使用要求，通过计算、试验或类比的方法，并经过标准化后确定基本尺寸。设计时应尽量把基本尺寸圆整成标准尺寸。一般是孔的基本尺寸用“D”表示，轴的基本尺寸用“d”表示。

实际尺寸是通过测量获得的尺寸。

极限尺寸是允许尺寸变化的两个界限值。允许的最大尺寸称为上极限尺寸；允许的最小尺寸称为下极限尺寸。只要实际尺寸在两个极限尺寸之间，即为合格产品。

偏差是某一尺寸（实际尺寸、极限尺寸等）减其公称尺寸所得的代数值。极限偏差是极限尺寸减其公称尺寸所得的代数值，实际偏差是实际尺寸减其公称尺寸所得的代数值。

（2）形状公差不符合要求

形状公差是指单一实际要素的形状所允许的变动量，如平面度、圆度、圆柱度、直线度、轮廓度等。是被测要素的几何形状的公差，即几何形状的准确性，不存在对基准的误差，是独立的误差。

直线度，是限制实际直线对理想直线变动量的一项指标。直线度表示零件上的直线要素实际形状保持理想直线的状况，也就是通常所说的平直程度。直线度公差是实际线对理想直线所允许的最大变动量。也就是在图样上所给定的，用以限制实际线加工误差所允许的变动范围。

平面度，是限制实际平面对理想平面变动量的一项指标。它是针对平面发生不平而提出的要求。平面度表示零件的平面要素实际形状，保持理想平面的状况，也就是通常所说的平整程度。平面度公差是实际表面对平面所允许的最大变动量。也就是在图样上给定的，用以限制实际表面加工误差所允许的变动范围。

圆度，是限制实际圆对理想圆变动量的一项指标。它是对具有圆柱面（包括圆锥面、球面）的零件，在一正截面（与轴线垂直的面）内的圆形轮廓要求。圆度表示零件上圆的要素实际形状，与其中心保持等距的情况，即通常所说的圆整程度。圆度公差是在同一截面上，实际圆对理想圆所允许的最大变动量。也就是图样上给定的，用以限制实际圆的加工误差所允许的变动范围。

圆柱度，是限制实际圆柱面对理想圆柱面变动量的一项指标。圆柱度是圆柱体各项形状误差的综合指标。圆柱度表示零件上圆柱面外形轮廓上的各点，对其轴线保持等距的状况。圆柱度公差是实际圆柱面对理想圆柱面所允许的最大变动量。也就是图样上给定的，用以限制实际圆柱面加工误差所允许的变动范围。

(3) 位置公差不符合要求

位置公差是指关联实际要素的位置对基准所允许的变动全量。位置公差带是限制关联实际要素变动的区域，被测实际要素位于此区域内为合格。位置公差又分为定向公差、定位公差和跳动公差三类。

① 定向公差。定向公差是指关联实际要素对基准在方向上允许的变动全量。定向公差带的方向是固定的，它由基准确定，而其位置则可在尺寸公差带内浮动。这类公差包括平行度、垂直度及倾斜度三种。被测要素有直线和平面，基准要素也有直线和平面，故被测要素相对于基准要素的方向公差可分为线对线、线对面、面对线和面对面四种情况。根据被测要素的功能要求及几何特征，定向公差又可分为给定一个方向、给定两个方向和任意方向三种。

平行度评价直线之间、平面之间或直线与平面之间的平行状态。平行度表示零件上被测实际要素相对于基准保持等距离的状况，也就是通常所说的保持平行的程度。平行度公差是被测要素的实际方向和与基准相平行的理想方向之间所允许的最大变动量。也就是图样上所给出的，用以限制被测实际要素偏离平行方向所允许的变动范围。

垂直度表示零件上被测要素相对于基准要素，保持正确的90°夹角的状况，也就是通常所说的两要素之间保持正交的程度。垂直度公差是被测要素的实际方向相对于与基准相垂直的理想方向之间所允许的最大变动量。也就是图样上给出的，用以限制被测实际要素偏离垂直方向，所允许的最大变动范围。

倾斜度表示零件上两要素相对方向保持任意给定角度的正确状况。倾斜度公差是被测要素的实际方向相对于与基准成任意给定角度的理想方向之间所允许的最大变动量。

② 定位公差。定位公差是指关联要素对基准在位置上允许的变动全量。定位公差带相对于基准的位置是固定的。定位公差带既控制被测要素的位置误差，又控制被测要素的方向误差和形状误差。而定向公差带既控制被测要素的方向误差，又控制其形状误差。而形状公差带则只能控制被测要素的形状误差。定位公差包括对称度、同轴度和位置度三种。

对称度表示零件上两对称中心要素保持在同一中心平面内的状态。对称度公差是实际要素的对称中心面（或中心线、轴线）对理想对称平面所允许的变动量。该理想对称平面是指与基准对称平面（或中心线、轴线）共同的理想平面。

同轴度表示零件上被测轴线相对于基准轴线，保持在同一直线上的状况，也就是通常所说的共轴程度。同轴度公差是被测实际轴线相对于基准轴线所允许的变动量。也就是图样上给出的，用以限制被测实际轴线偏离由基准轴线所确定的理想位置所允许的变动范围。

位置度表示零件上的点、线、面等要素，相对其理想位置的准确状况。位置度公差是被测要素的实际位置相对于理想位置所允许的最大变动量。

③ 跳动公差。跳动公差是关联实际要素绕基准轴线旋转一周或若干次旋转时所允许的最大跳动量。跳动公差分为圆跳动与全跳动两类。圆跳动分为径向圆跳动、端面圆跳动与斜向圆跳动三项；全跳动分为径向全跳动和端面全跳动。

圆跳动表示零件上的回转表面在限定的测量面内，相对于基准轴线保持固定位置的状况。圆跳动公差是被测实际要素绕基准轴线，无轴向移动地旋转一整圈时，在限定的测量范围内，所允许的最大变动量。

全跳动是指零件绕基准轴线进行连续旋转时，沿整个被测表面上的跳动量。全跳动公差是被测实际要素绕基准轴线连续旋转，同时指示器沿其理想轮廓相对移动时，所允许的最大跳动量。

2.2　机械加工缺陷

机械加工表面质量不仅直接影响零件的使用性能，表面质量不良还会引起热处理缺陷，影响热处理质量。

2.2.1　机械加工缺陷主要特征、产生原因和影响

（1）粗糙刀痕

主要特征：加工表面存在深沟痕。

产生原因和影响：粗糙刀痕是切削速度小或背吃刀量大，使前刀面产生积屑瘤，相当于一个圆钝刃口伸出刀刃之外，在加工表面留下的不规则沟痕。它成为应力集中源，不但使零件性能变坏，还容易在热处理中产生裂纹。

（2）鳞状毛刺

主要特征：毛刺呈鳞片状。

产生原因和影响：较低或中速切削塑性好的金属时，如拉削圆孔时，会产生鳞状毛刺。这是应力集中源，热处理时容易产生裂纹。

（3）表面机械碰伤

主要特征：表面有不规则的碰伤痕。

产生原因和影响：表面机械碰伤是装夹、运输过程中零件相互之间的碰伤、擦伤、压伤等。这是应力集中处，热处理时容易产生裂纹。

（4）标识刻痕不当

产生原因和影响：标识打得太深或打的部位不对。标识处是应力集中处，热处理时容易产生裂纹。

（5）淬硬层局部过烧

主要特征：电火花加工时淬硬层皮下层有过烧重熔产物。

产生原因和影响：淬硬层局部过烧是由电流密度大，加工时间过长造成的。热处理时容易产生裂纹。

（6）淬硬层不均匀

主要特征：电火花加工时淬硬层深度不均匀。

产生原因和影响：淬硬层不均匀是由电流密度不稳造成的。它使热处理时的变形量增大，容易产生裂纹。

（7）晶间腐蚀或点蚀

主要特征：电解加工时产生的腐蚀现象。

产生原因和影响：晶间腐蚀或点蚀是由零件材料的成分和组织不均匀或电解加工工艺参数不当造成的。这种缺陷严重影响零件的使用性能，热处理时容易产生裂纹等缺陷。

2.2.2 不同机械加工方法产生的缺陷

（1）钻削

钻孔时，钻头的刚度不足、切削刃不对称、工件表面不平或材料性能不均等，会造成孔的形状尺寸误差，称为引偏。切削热不易消散。钻削是一种半封闭切削，钻削过程中产生的切削热使钻头温度升高，同时由于机械摩擦作用，加剧了钻头前后刀面、棱边和横刃的磨损。切屑排出困难。钻削时，切屑沿螺旋容屑槽排出。容屑槽尺寸有限，切屑又较宽，排屑过程中切屑与孔壁发生严重摩擦，刮伤已加工表面。有时切屑会阻塞在容屑槽里，卡死甚至折断钻头。

（2）磨削

磨削时，工件表面、次表面由于受到磨削热和磨削力的作用，引起表面组织硬度和应力状态发生变化，导致表面回火损伤或淬硬损伤，即磨削变质。在磨削加工过程中，由于磨削力及磨削热的作用，不仅工件表层产生塑性变形，而且温度急剧升高，可使工件表层瞬间温度达数百摄氏度，有时甚至使表层金属熔融，从而使工件表层的物理和化学性质发生变化。

磨削变质层厚度一般在几十微米内变化，越接近表面层，回火析出的碳化物越多，颗粒越大，抗腐蚀能力越弱，压应力越低。

工件磨削表面呈明显色彩的斑点状、块状、带状、点片状、线状或细螺旋线形、鱼鳞片状，或者整个表面都呈变色的烧伤痕迹。磨削淬火钢零件烧伤时往往伴随有磨削裂纹或剥皮。

由于较高的磨削热使零件局部表面温度升高，达到不均匀热传导，引起塑性变形，因而产生塑变应力，表层金属在急剧高温与冷却作用下，还会造成表层组织变化产生相变应力，表现在磨削表面上即形成了残余应力。较大的残余应力会引起应力腐蚀裂纹的出现。

磨削裂纹有呈直线状分布、与磨削方向垂直分布和呈网状分布。

磨削过热，砂轮过钝，会促使表面在瞬时间温度高达 1000℃左右，若冷却不当，易形成明显的二次淬硬层。由于二次淬硬层使表面产生很大的热应力和组织应力，再加上高速磨削时的滚压应力，其总应力超过磨削件本身强度极限时，即导致磨削裂纹。

2.3　焊接接头缺陷

为了确保在焊接过程中焊接接头的质量符合设计或工艺要求，应在焊接过程中对被焊金属的焊接性、焊接工艺、焊接规范、焊接设备和焊工操作进行焊接检验，并对焊成的焊接结构进行全面的质量检验。

2.3.1　焊接缺陷的分类

焊接缺陷按其在焊缝中的位置可分为表面缺陷或成形缺陷、内部性质缺陷和组织缺陷三大类。金属熔化焊焊缝的缺陷共分为裂纹、气孔、夹渣、未熔合、未焊透、形状缺陷等。

表面缺陷包括焊缝尺寸不符合要求、咬边、弧坑、烧穿和下塌、焊瘤、严重飞溅、表面裂纹、表面气孔、表面夹渣等。这类缺陷在外观检查时用肉眼或借助放大镜就能够发现。内部性质缺陷包括裂纹、气孔、夹渣、未熔合、未焊透等，这类缺陷产生于焊缝内部，用肉眼无法观察到，必须采用无损探伤方法或用破坏性检验才能检验出来。若内部缺陷延伸到焊缝表面即成为表面缺陷，但这类缺陷产生的根源在焊缝内部。组织缺陷指不符合要求的金相组织、合金元素和杂质的偏析、耐蚀性降低和晶格缺陷等，这类缺陷用无损探伤方法也不能检测到，必须用金相检测等破坏性检验方法，并且需要借助于高倍显微放大镜才能观察到。

2.3.2 焊接缺陷的类型及成因

焊缝的主要参数描述见图 2-1。

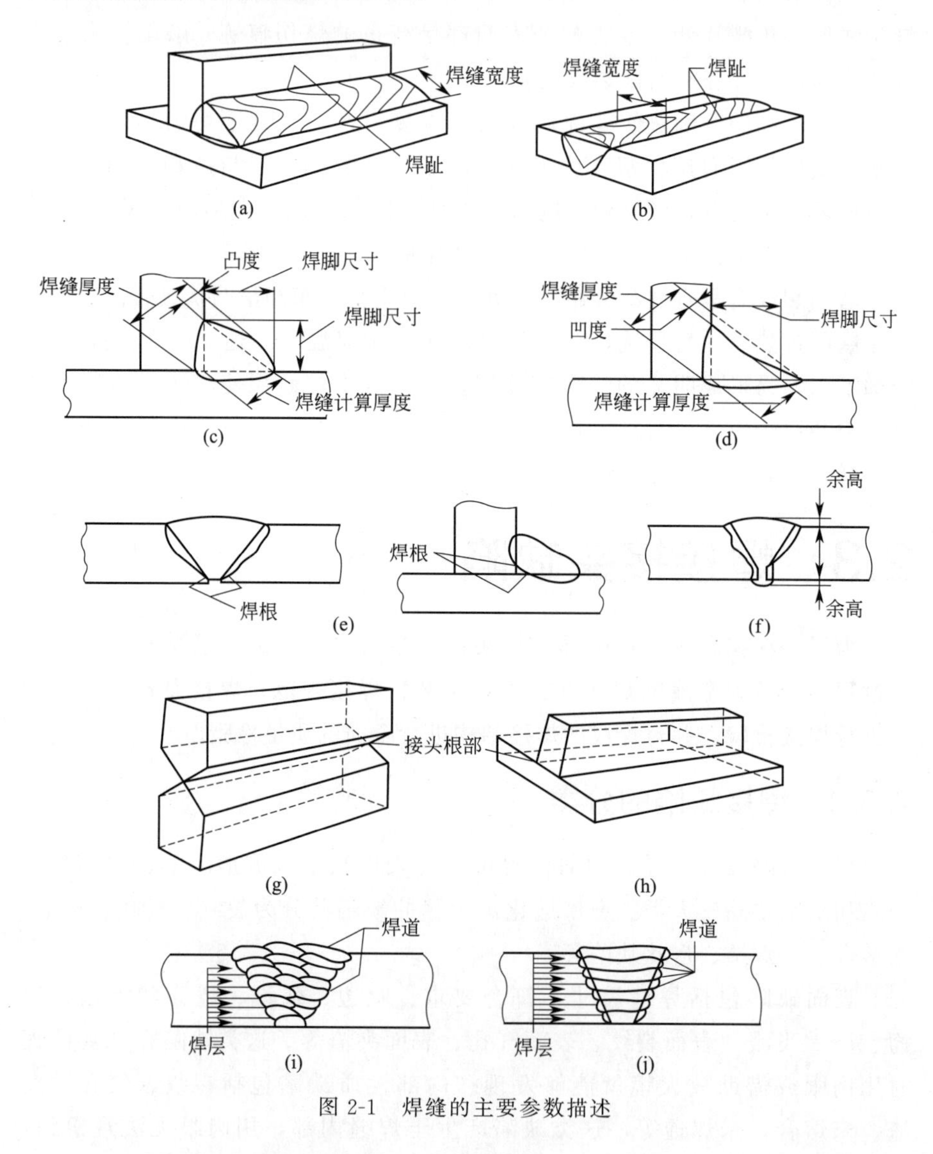

图 2-1　焊缝的主要参数描述

(1) 焊缝尺寸不符合要求

焊缝的尺寸与设计上规定的尺寸不符，或者焊缝成形不良。出现高低不平、宽窄不一、焊波粗劣等现象。焊缝尺寸不符合要求，不仅影响焊缝的美观，还会影响焊缝金属与母材的结合，造成应力集中，影响焊件的安全使用。

各种不同的焊接结构对焊缝的尺寸都有一定的要求，主要有以下几个指标：余高、宽度、背面余高、焊缝不平直度、焊脚高。图 2-2 显示了焊缝形状缺陷。图 2-3 为焊缝成形尺寸不符合要求的情况。焊缝尺寸不符合要求包括焊缝宽窄差超标、余高过高或过低、焊缝弯曲等。

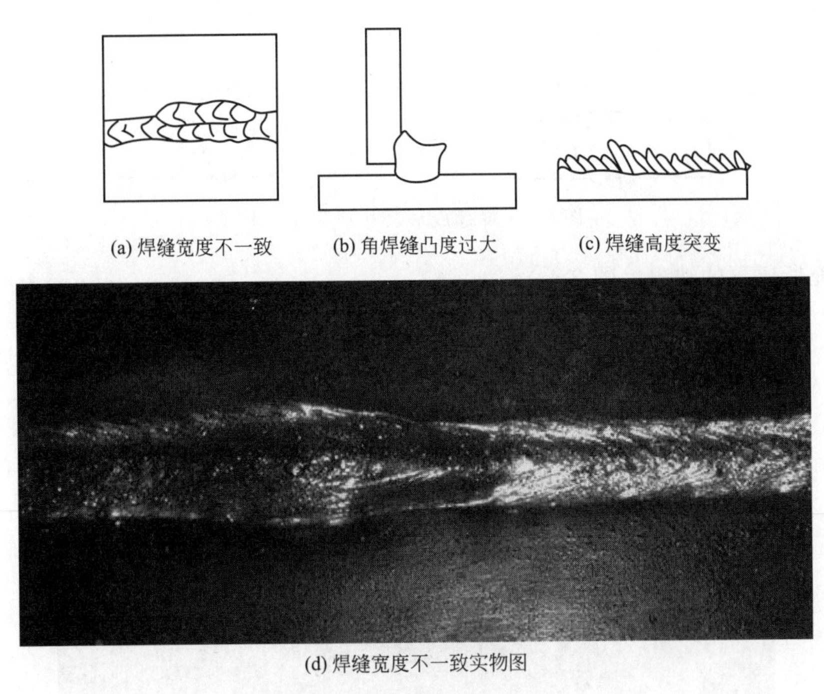

(a) 焊缝宽度不一致　(b) 角焊缝凸度过大　(c) 焊缝高度突变

(d) 焊缝宽度不一致实物图

图 2-2　焊缝形状缺陷

① 余高过高或过低　余高指超出表面焊趾连线上面的焊缝金属高度。对接焊缝的余高标准为 0～4mm。余高过高会造成接头截面的突变，在焊趾处产生应力集中，降低焊接接头的承载能力。

焊缝余高过高和过低是由焊接工艺参数不合理，尤其是焊接速度快慢及运条方法不当产生的。在同等条件下，焊接电流过小和电弧电压过低时焊缝越窄越高，电弧电压越高焊缝越宽越平。焊接速度越低，焊缝越高；焊接速度越快，焊缝越低。焊条摆动幅度越大，焊缝越宽越平；摆动幅度越小，焊缝越窄。

② 咬边　是焊接中最常见的缺陷，指沿着焊趾在母材部分形成的凹陷或沟槽。它是由于电弧将焊缝边缘的母材熔化后没有得到熔敷金属的充分

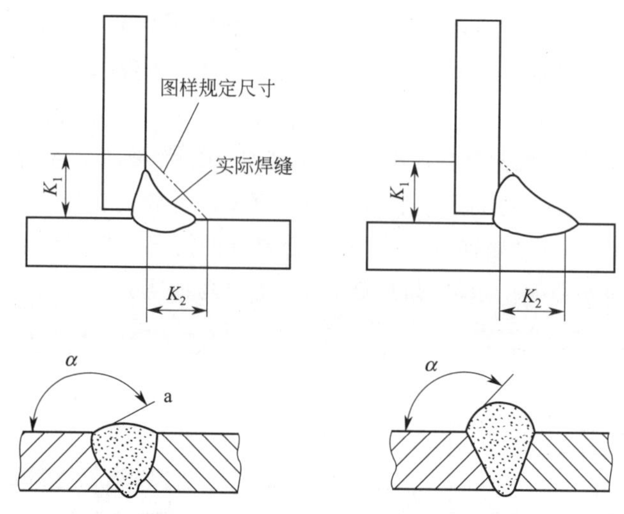

图 2-3 焊缝成形尺寸不符合要求

补充所留下的缺口（图 2-4 ）。

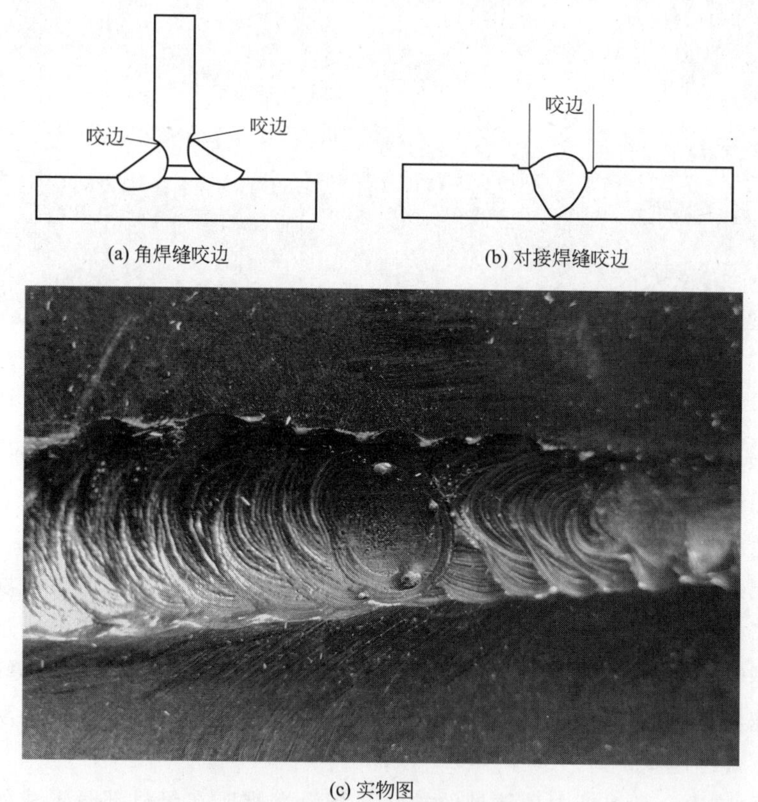

(a) 角焊缝咬边　(b) 对接焊缝咬边

(c) 实物图

图 2-4 咬边缺陷

产生咬边的主要原因是电弧热量太高，即电流太大，运条速度太小。焊条与工件间角度不正确、摆动不合理、电弧过长、焊接次序不合理等都会造成咬边。直流焊时电弧的磁偏吹也是产生咬边的一个原因。某些焊接位置（立、横、仰）会加剧咬边。

咬边减小了母材的有效截面积，降低结构的承载能力，同时还会造成应力集中，发展为裂纹源。矫正操作姿势，选用合理的规范，采用良好的运条方式都会有利于消除咬边。焊角焊缝时，用交流焊代替直流焊也能有效地防止咬边。

③ 焊瘤　焊缝中的液态金属流到加热不足未熔化的母材上或从焊缝根部溢出，冷却后形成的未与母材熔合的金属瘤即为焊瘤（图 2-5）。焊接规范过强、焊条熔化过快、焊条质量差（如偏芯）、焊接电源特性不稳定及操作姿势不当等都容易带来焊瘤。在横、立、仰位置更易形成焊瘤。

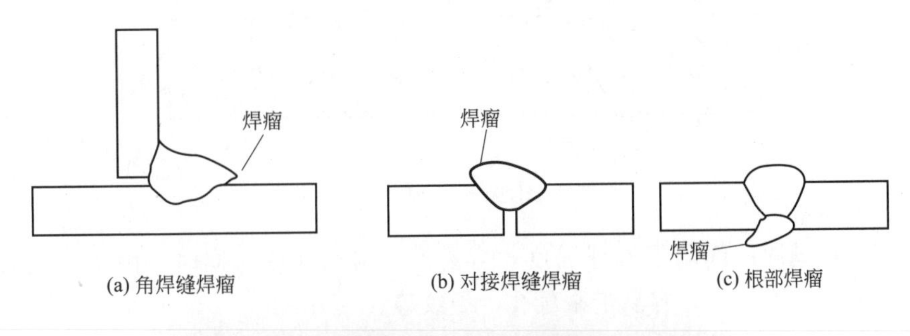

(a) 角焊缝焊瘤　(b) 对接焊缝焊瘤　(c) 根部焊瘤

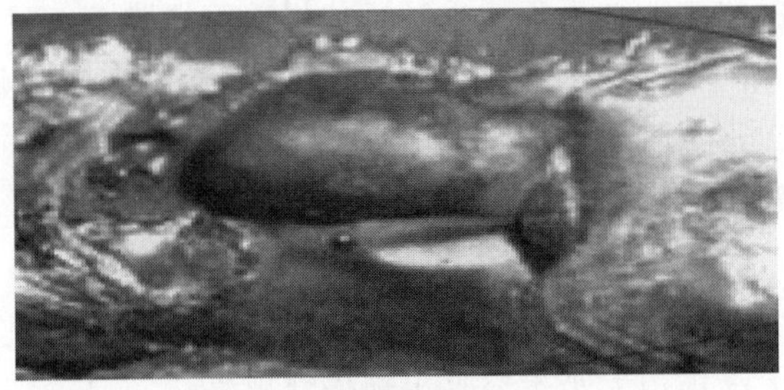

(d) 实物图

图 2-5　焊瘤缺陷

焊瘤改变了焊缝的实际尺寸，会带来应力集中。管子内部的焊瘤减小了它的内径，可能造成流动物堵塞。

防止焊瘤的措施：使焊缝处于平焊位置，正确选用合适的焊接规范，选用无偏芯焊条，合理操作。

④ 凹坑　指焊缝表面或背面局部低于母材的部分。凹坑多是由收弧时焊条（焊丝）未作短时间停留造成的（此时的凹坑称为弧坑），仰、立、横

焊时，常在焊缝背面根部产生内凹，见图2-6。凹坑减小了焊缝的有效截面积，弧坑常带有弧坑裂纹和弧坑缩孔。

防止凹坑的措施：选用有电流衰减系统的焊机，尽量选用平焊位置，选用合适的焊接规范，收弧时让焊条在熔池内短时间停留或环形摆动以填满弧坑。

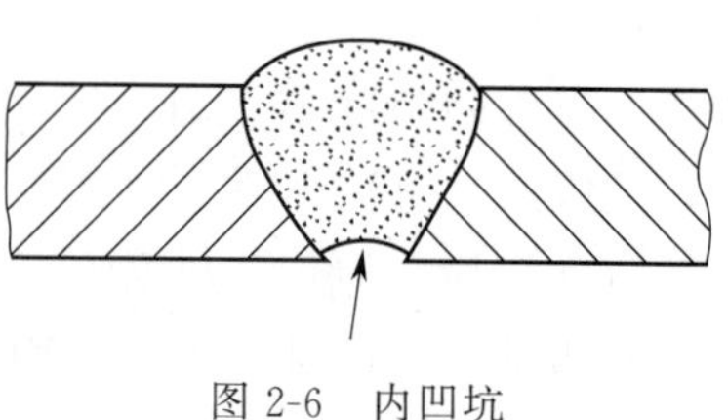

图 2-6　内凹坑

⑤ 未焊满　是指焊缝表面上连续的或断续的沟槽，如图 2-7 所示。填充金属不足是产生未焊满的根本原因。规范太小、焊条过细、运条不当等会导致未焊满。余高不足会使焊缝的有效截面积减小，同样也会使承载能力降低。

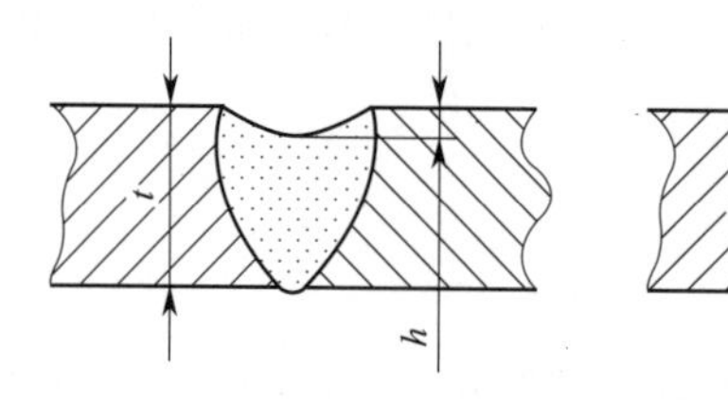

图 2-7　未焊满

未焊满同样削弱了焊缝强度，容易产生应力集中。同时，由于规范太小使冷却速度增大，容易带来气孔、裂纹等。

防止未焊满的措施：加大焊接电流，加焊盖面焊缝。

⑥ 烧穿和下塌　烧穿是指焊接过程中，熔深超过工件厚度，熔化金属自焊缝背面流出，形成穿孔性缺陷。穿过单层焊缝根部，或在多层焊接接头中穿过前层熔敷金属塌落的过量焊缝金属的现象称为下塌。图 2-8 为烧穿和下塌缺陷。

焊接电流过大，速度太慢，电弧在焊缝处停留过久，都会产生烧穿缺陷。工件间隙太大、钝边太小也容易出现烧穿现象。

烧穿是锅炉压力容器产品上不允许存在的缺陷，它完全破坏了焊缝，使接头丧失其连接及承载能力。选用较小电流并配合合适的焊接速度，减小装配间隙，在焊缝背面加设垫板或药垫，使用脉冲焊，能有效地防止烧穿。

⑦ 其它表面缺陷　焊缝的外观几何尺寸不符合要求，例如焊缝超高、表面不光滑，以及焊缝过宽、焊缝向母材过渡不圆滑、表面飞溅、电弧表面擦伤等缺陷。图 2-9、图 2-10 分别为电弧擦伤表面和飞溅缺陷示意图。各种焊接变形如角变形、扭曲、波浪变形、错边等都属于焊接缺陷。图 2-11、图 2-12 为错边、角变形完全变形、扭曲变形缺陷示意图。

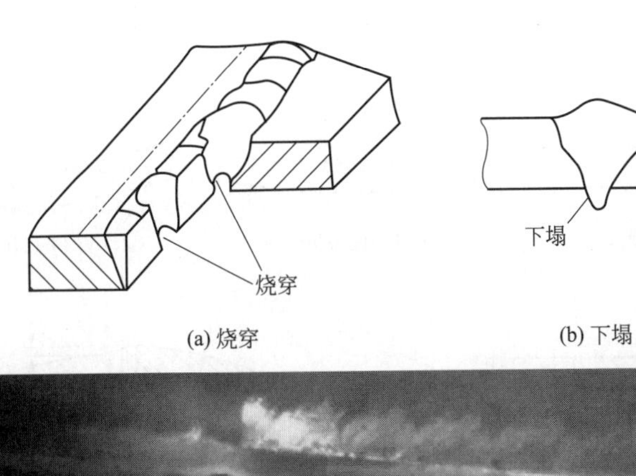

(a) 烧穿　　　　(b) 下塌

(c) 实物图

图 2-8　烧穿和下塌缺陷

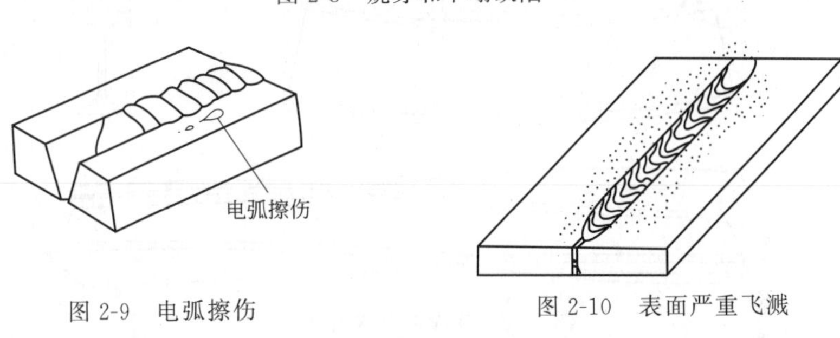

图 2-9　电弧擦伤

图 2-10　表面严重飞溅

(2) 内部性质缺陷（含暴露于表面的缺陷）

① 气孔　是指焊接时，熔池中的气体没有逸出，残存于焊缝之中所形成的空洞。气体可能是熔池从外界吸收的，也可能是焊接过程中反应生成的。气孔从其形状上分，有球状气孔、条虫状气孔。从数量上可分为单个气孔和密集气孔两种。气孔见图 2-13。

产生气孔的主要原因是母材或填充金属表面有锈、油污等，焊条及焊剂未烘干。因为锈、油污及焊条药皮、焊剂中的水分在高温下分解为气体，增加了高温金属中气体的含量。焊接线能量过小，熔池冷却速度大，不利于气体逸出，也会增加气孔。焊缝金属脱氧不足会增加氧气孔。

气孔的危害：气孔减小了焊缝的有效截面积，使焊缝疏松，从而降低了接头的强度，降低塑性，还会引起泄漏。气孔也是引起应力集中的因素。

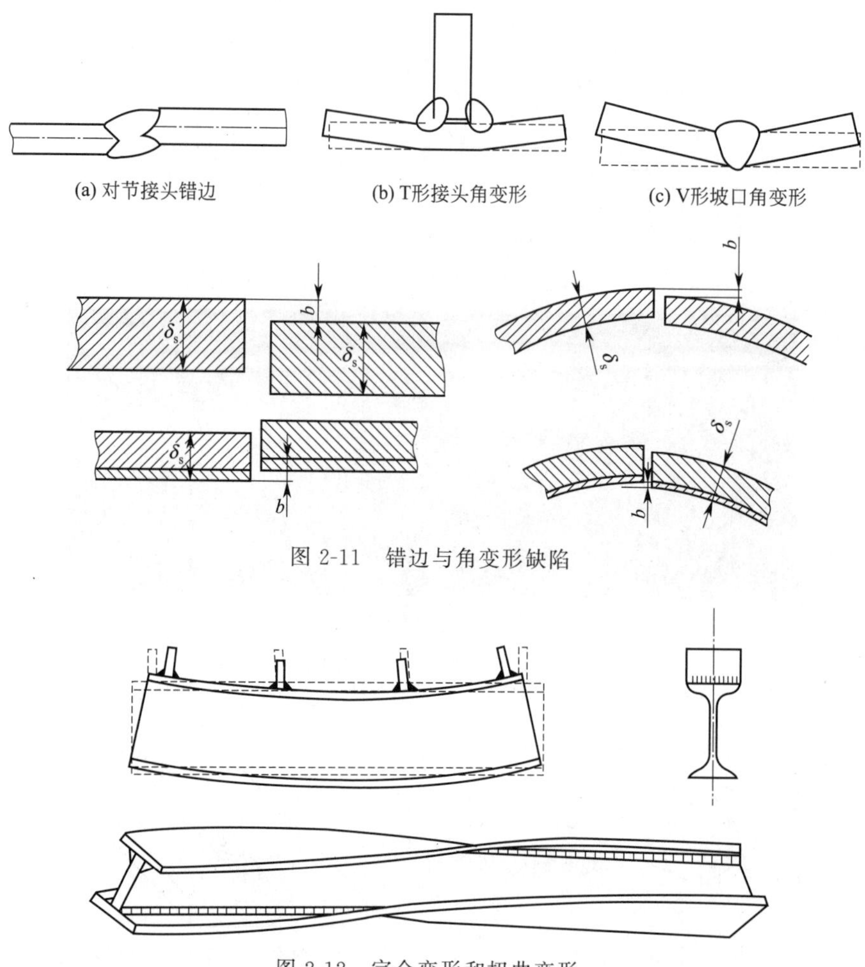

图 2-11　错边与角变形缺陷

图 2-12　完全变形和扭曲变形

氢气孔还可能促成冷裂纹。

防止气孔的措施：清除焊丝和工作坡口及其附近表面的油污、铁锈、水分和杂物；采用碱性焊条、焊剂，并彻底烘干；采用直流反接并用短电弧施焊；焊前预热，减缓冷却速度；用偏强的焊接规范施焊。

表面缩孔是一种类似于气孔的缺陷，缩孔内部有时含渣，有金属氧化现象。是焊接时由于操作不规范，焊缝金属结晶时在表面由于铁水不足形成的孔洞。

② 固体夹杂　在焊缝金属中残留的固体夹杂物，主要有夹渣和氧化物夹杂、金属夹杂。暴露在焊缝表面的夹杂物称为表面夹杂。夹渣是指焊后熔渣残存在焊缝中的现象。夹渣按分布与形状分，有单个点状夹渣、单个条状夹渣、链状夹渣和密集夹渣 ，见图 2-14。

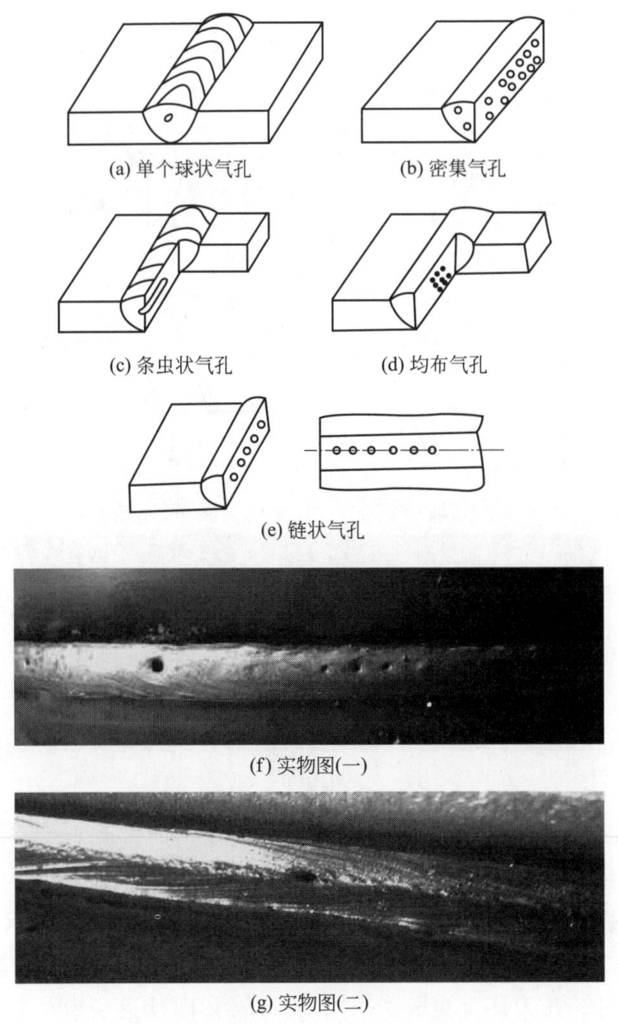

(a) 单个球状气孔　(b) 密集气孔

(c) 条虫状气孔　(d) 均布气孔

(e) 链状气孔

(f) 实物图(一)

(g) 实物图(二)

图 2-13　气孔示意图及实物照片

夹渣产生的原因：坡口尺寸不合理；坡口有污物；多层焊时层间清渣不彻底；焊接线能量小，焊缝散热太快；钨极惰性气体保护焊时，电源极性不当，电流密度大，钨极熔化脱落于熔池中；手工焊时，焊条摆动不良，不利于熔渣上浮等。可根据以上原因分别采取对应措施以防止夹渣的产生。

夹渣的危害：点状夹渣的危害与气孔相似，带有尖角的夹渣会产生尖端应力集中，尖端还会发展为裂纹源，危害较大。

③ 裂纹　裂纹是焊接中最危险的缺陷，按产生本质分为 4 类，即热裂纹、冷裂纹、再热裂纹和层状裂纹（表 2-1）。各种表面裂纹的特征见图 2-15，有纵向裂纹、横向裂纹、放射状裂纹、弧坑裂纹、间断裂纹群、枝状裂纹。

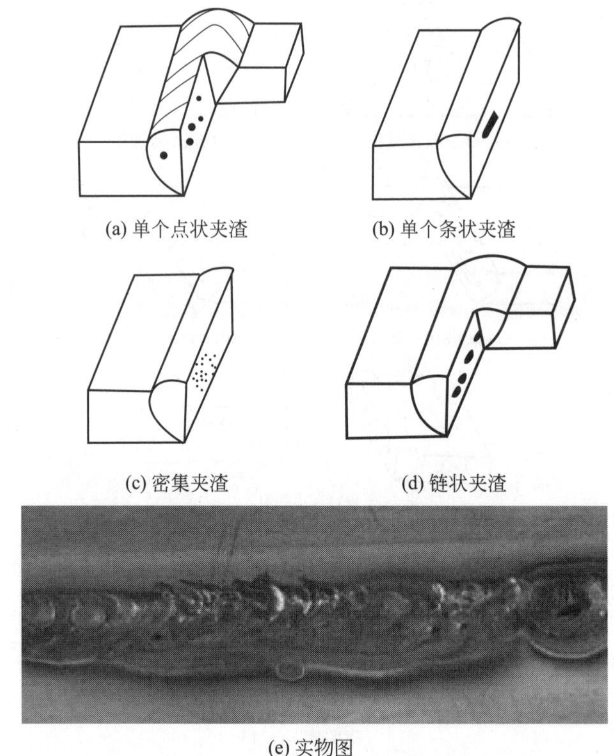

图 2-14　夹渣示意图及表面夹渣实物照片

热裂纹是在焊接过程中，焊缝和热影响区金属冷却到固相线附近的高温区产生的焊接裂纹。冷裂纹是焊接接头冷却到较低温度时（对钢来说是在 Ms 温度以下或 200～300℃）产生的焊接裂纹。冷裂纹一般是在焊后一段时间（几小时、几天甚至更长）才出现，故又称延迟裂纹。焊后焊件在一定温度范围再次加热（消除应力热处理或其它加热过程如多层焊时）而产生的裂纹叫再热裂纹。层状裂纹是指焊接时，在焊接构件中沿钢板轧层形成的呈阶梯状裂纹。

热裂纹的防止措施：合理预热或采用后热控制冷却速度；降低残余应力，避免应力集中；回火处理时尽量避开热裂纹的敏感温度区或缩短在此温度区内的停留时间。

冷裂纹主要产生于热影响区，也有发生在焊缝区的。防止冷裂纹的措施：采用低氢型碱性焊条，严格烘干，在 100～150℃下保存，随取随用；提高预热温度，采用后热措施，并保证层间温度不小于预热温度；选择合理的焊接规范，避免焊缝中出现脆硬组织；选用合理的焊接顺序，减小焊接变形和焊接应力，焊后及时进行消氢热处理。

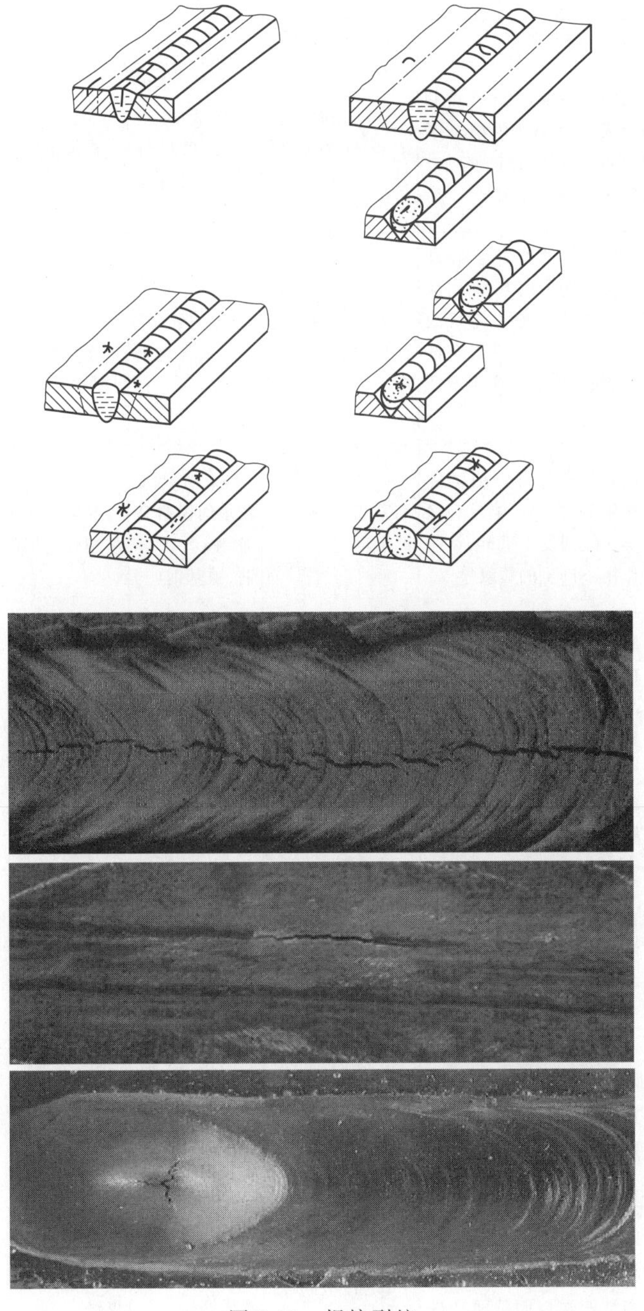

图 2-15　焊接裂纹

裂纹的危害：尤其是冷裂纹，带来的危害是灾难性的。很多事故是由裂纹引起的脆性破坏。

表 2-1　焊接裂纹的分类及基本特征

裂纹分类		基本特征	敏感的温度区间	被焊材料	位置	裂纹走向
热裂纹	结晶裂纹	在结晶后期，由于低熔共晶形成的液态薄膜削弱了晶粒间的联结，在拉伸应力的作用下发生开裂	在固相温度以上稍高的温度（固液状态）	杂质较多的碳钢、低、中合金钢、奥氏体钢、镍基合金及铝	焊缝上	沿奥氏体晶界
	多边化裂纹	已凝固的结晶前沿，在高温和应力的作用下，晶格缺陷发生移动和聚集，形成二次边界，它在高温下处于低塑性状态，在应力作用下产生的裂纹	固相线以下再结晶温度	纯金属及单相奥氏体合金	焊缝上，少量在热影响区	沿奥氏体晶界
	液化裂纹	在焊接热循环峰值温度的作用下，在热影响区和多层焊的层间发生重熔，在应力作用下产生的裂纹	固相线以下稍低温度	含 S、P、C 较多的镍铬高强钢，奥氏体钢，镍基钢	热影响区及多层焊的层间	沿晶界开裂
再热裂纹		厚板焊接结构消除应力处理过程中，在热影响区的粗晶区存在不同程度的应力集中时，由于应力松弛所产生附加变形大于该部位的蠕变塑性，则发生再热裂纹	600～700℃回火处理	含有沉淀强化元素的高强钢、珠光体钢、奥氏体钢、镍基合金等	热影响区的粗晶区	沿晶界开裂
冷裂纹	延迟裂纹	在淬硬组织，氢和拘束应力的共同作用下而产生的具有延迟特性的裂纹	在 Ms 点以下	中、高碳钢，低、中合金钢，钛合金等	热影响区，少量在焊缝	沿晶或穿晶
	淬硬脆化裂纹	主要是由淬硬组织，在焊接应力的作用下产生的裂纹	Ms 附近	含碳的 NiCrMo 钢，马氏体不锈钢，工具钢	热影响区，少量在焊缝	沿晶或穿晶
	低塑性脆化裂纹	在较低温度下，由于被焊材料的收缩应变，超过了材料本身的塑性储备而产生的裂纹	在 400℃以下	铸铁，堆焊硬质合金	热影响区及焊缝	沿晶及穿晶

续表

裂纹分类	基本特征	敏感的温度区间	被焊材料	位置	裂纹走向
层状裂纹	主要是由于钢板的内部存在有分层的夹杂物(沿轧制方向),焊接产生的垂直于轧制方向的应力,致使在热影响区或稍远的地方,产生"台阶"式层状开裂	在 400℃以下	含有杂质的低合金高强钢厚板结构	热影响区附近	穿晶或沿晶

④ 未焊透　未焊透是指母材金属未熔化，焊缝金属没有进入接头根部的现象，见图 2-16。

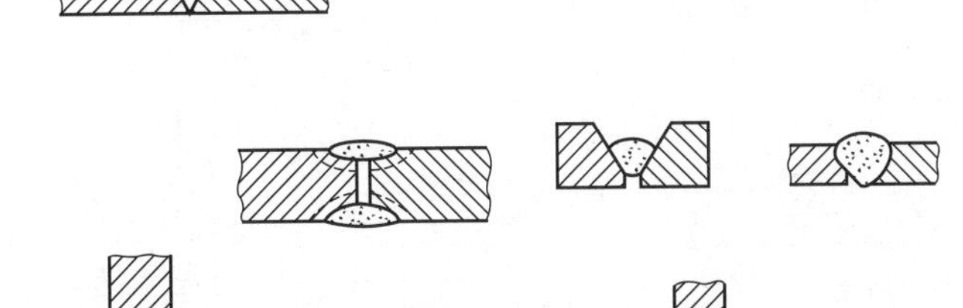

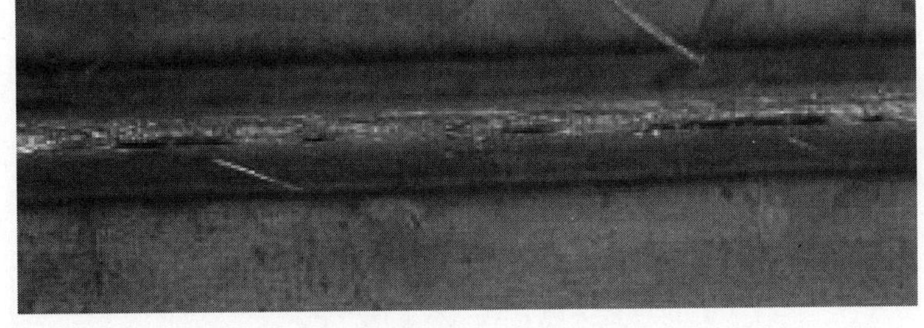

图 2-16　未焊透

a—实际熔深；b—公称熔深

产生未焊透的原因：焊接电流小，熔深浅；坡口和间隙尺寸不合理，钝边太大；磁偏吹影响；焊条偏芯度太大；层间及焊根清理不良。

未焊透的危害之一是减少了焊缝的有效截面积，使接头强度下降。其次，未焊透引起的应力集中所造成的危害，比强度下降的危害大得多，未焊透严重降低焊缝的疲劳强度，未焊透可能成为裂纹源，是造成焊缝破坏的重要原因。

未焊透的防止措施：使用较大电流来焊接是防止未焊透的基本方法；另外，焊接角焊缝时，用交流代替直流以防止磁偏吹；合理设计坡口并加强清理，用短弧焊等措施也可有效防止未焊透的产生。

⑤ 未熔合　是指焊缝金属与母材金属，或焊缝金属之间未熔化结合在一起的缺陷（图 2-17）。

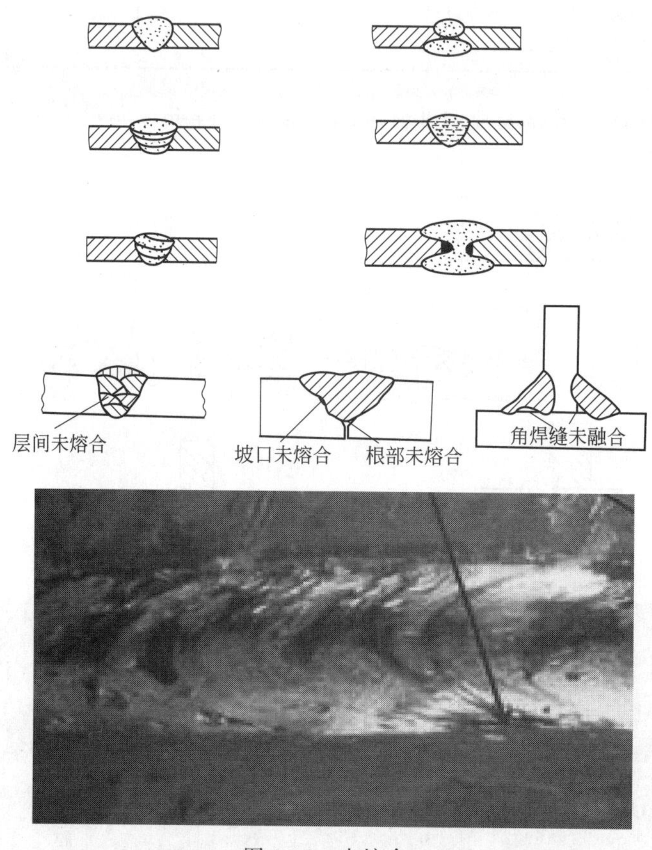

图 2-17　未熔合

产生未熔合缺陷的原因：焊接电流过小；焊接速度过快，焊条角度不对，产生了电弧偏吹现象；焊接处于下坡焊位置，母材未熔化时已被铁水覆盖。

未熔合的危害：未熔合是一种面积型缺陷，坡口未熔合和根部未熔合对承载截面积的减小的影响都非常明显，应力集中也比较严重，其危害性仅次于裂纹。

未熔合的防止措施：应采用较大的焊接电流，正确地进行施焊操作，注意坡口部位的清洁。

综上所述，焊接缺陷虽然产生的原因是多种多样的，但采取有针对性的措施，特别是在实际操作过程中要严格遵守焊接工艺的要求，这样大部分的焊接缺陷还是可以避免的，只有通过不断实践和总结，焊接技术才能得到不断提高和进步。

2.4　铸造缺陷

铸造的缺陷类型有很多，常见的铸造缺陷有孔洞类、夹杂类、裂纹类及形状不符合要求等。

2.4.1　孔洞类缺陷

① 气孔（图 2-18）是铸件内部或表面的孔洞，孔洞内壁光滑，多呈圆形或梨形。

产生原因：是舂砂太紧或型砂透气性太差；型砂含水过多或起模、修型刷水过多；型芯未烘干或通气孔堵塞；浇注系统不合理，使排气不畅通或产生涡流、卷入气体。

图 2-18　气孔

② 缩孔（图 2-19）铸件厚大部位出现的形状不规则、内壁粗糙的孔洞。

产生原因：铸件结构设计不合理，壁厚不均匀；内浇道、冒口位置不对；浇注温度过高；金属成分不对。

图 2-19　缩孔

③ 砂眼　铸件内部和表面出现的充塞型砂、形状不规则的孔洞。

产生原因：型、芯砂强度不够，被金属液冲坏；型腔或浇注系统内散砂没吹净；合型时砂型局部损坏，铸件结构不合理。

④ 渣孔　铸件内部和表面出现的充塞熔渣、形状不规则的孔洞。

产生原因：浇注系统设计不合理；浇注温度太低；渣不易上浮排出。

2.4.2 夹杂类缺陷

① 黏砂　铸件表面粗糙，黏有烧结砂粒。

产生原因：浇注温度过高，型、芯砂耐火度低；砂型、型芯表面未涂涂料。

② 夹砂（图 2-20）　铸件表面有一层凸起的金属片状物，在金属片与铸件之间夹有一层型砂。

产生原因：砂型含水过多，黏土过多，砂型紧实不均匀；浇注温度过高或速度太慢，浇注位置不当。

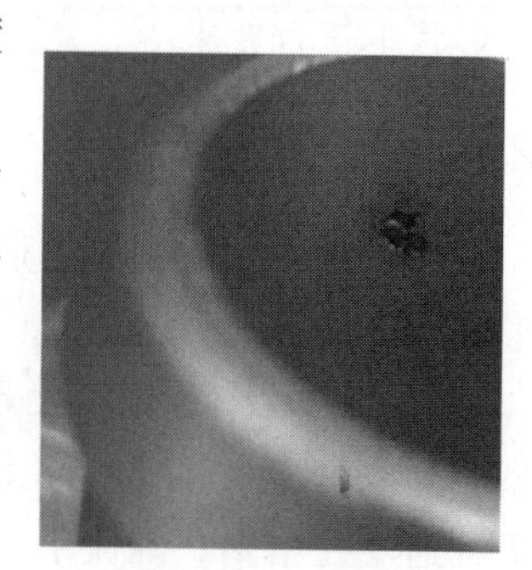

图 2-20　夹砂

③ 夹层和冷隔（图 2-21）　铸件表面有未完全熔合的缝隙，其交接边缘圆滑。

产生原因：浇注温度过低，浇注速度太慢；内浇道位置不当或尺寸过小；铸件结构不合理，壁厚过小。

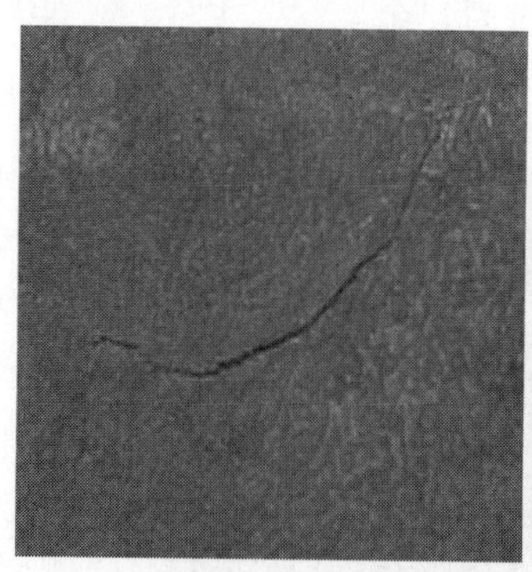

图 2-21　冷隔

2.4.3 形状尺寸不合格缺陷

① 偏芯（图 2-22）　铸件上的孔出现偏斜或轴线偏移现象。

产生原因：型芯变形，浇口位置不当，金属液将型芯冲倒，型芯座尺寸不对。

图 2-22　偏芯

② 飞边（图 2-23）　铸件沿分型面有相对位置错移。

产生原因：合型时上下型未对准，定位销或泥号不准，模样尺寸不正确。

图 2-23　飞边

③ 浇不足　铸件未浇满。

产生原因：浇注温度过低，浇注速度过慢或金属液不足，内浇道尺寸过小，铸件壁厚太薄。

2.4.4 裂纹

裂纹（图 2-24）包含热裂纹和冷裂纹。

热裂纹是铸件开裂，裂纹表面氧化；冷裂纹是铸件开裂，裂纹表面不氧化或有轻微氧化。

产生原因：铸件结构不合理，尺寸相差太大；退让性太差，浇口位置开设不当；金属含硫、磷较多。

图 2-24　裂纹

2.4.5 其它缺陷

铸件的化学成分、组织和性能不合格。

产生原因：炉料的成分、质量不符合要求，熔化时配料不准，铸件结构不合理，热处理方法不正确。

2.5 锻造或压力加工缺陷

2.5.1 缺陷类型

（1）分类方式

① 按缺陷表现形式分类　锻件的缺陷按其表现形式，可分为：外部、内部和性能方面的三种缺陷。

外部缺陷如几何尺寸和形状不符合要求；表面裂纹、折叠、缺肉、错差；模锻不足、表面麻坑、表面气泡和橘皮状表面等。这类缺陷显露在锻件的外表面上，比较容易被发现或观察到。

内部缺陷又可分为低倍缺陷和显微缺陷两类。前者如内裂、缩孔、疏松、白点、锻造流纹紊乱、偏析、粗晶、石状断口、异金属夹杂等；后者如脱碳、增碳、带状组织、铸造组织残留和碳化物偏析级别不符合要求等。内部缺陷存在于锻件的内部，原因复杂，不易辨认，常常给生产造成较大的困难。

反映在性能方面的缺陷，如室温强度、塑性、韧性或疲劳性能等不合格，或者高温瞬时强度、持久强度、持久塑性、蠕变强度不符合要求等。性能方面的缺陷，只有在进行了性能试验之后，才能确切知道。

内部、外部和性能方面的缺陷三者之间，常常有不可分割的联系。例如，过热和过烧表现于外部常为裂纹的形式，表现于内部则为晶粒粗大或脱碳，表现在性能方面则为塑性和韧性的降低。

② 按产生缺陷的工序或过程分类　锻件缺陷按其产生于哪个过程来区分，可分为原材料生产过程产生的缺陷、锻造过程产生的缺陷和热处理过程产生的缺陷。按照锻造过程中各工序的顺序，还可将锻造过程中产生的缺陷，细分为以下几类，由下料产生的缺陷、由加热产生的缺陷、由锻造产生的缺陷、由冷却产生的缺陷和由清理产生的缺陷等。不同工序可以产生不同形式的缺陷，同一种形式的缺陷也可以来自不同的工序。由于产生锻件缺陷的原因往往与原材料生产过程和锻后热处理有关，因此在分析锻件缺陷产生的原因时，不要孤立地来进行。

（2）缺陷举例

① 晶粒粗大或晶粒不均匀　大晶粒通常是由始锻温度过高和变形程度不足，或终锻温度过高，或变形程度落入临界变形区引起的。铝合金变形程度过大，形成织构；高温合金变形温度过低，形成混合变形组织时也可能引起粗大晶粒，晶粒粗大将使锻件的塑性和韧性降低，疲劳性能明显下降。

晶粒不均匀是指锻件某些部位的晶粒特别粗大，某些部位却较小。产生晶粒不均匀的主要原因是坯料各处的变形不均匀使晶粒破碎程度不一，或局部区域的变形程度落入临界变形区，或高温合金局部加工硬化，或淬火加热时局部晶粒粗大。耐热钢及高温合金对晶粒不均匀特别敏感。晶粒不均匀将使锻件的持久性能、疲劳性能明显下降。

粗晶环常常是铝合金或镁合金挤压棒材上存在的缺陷。经热处理后供应的铝、镁合金的挤压棒材，在其圆断面的外层常常有粗晶环。粗晶环的厚度，由挤压时的始端到末端是逐渐增加的。若挤压时的润滑条件良好，则在热处理后可以减小或避免粗晶环；反之，环的厚度会增加。粗晶环的产生原因与很多因素有关。但主要因素是挤压过程中金属与挤压筒之间产生的摩擦。这种摩擦致使挤出来的棒材横断面的外表层晶粒要比棒材中心处晶粒的破碎程度大得多。但是由于筒壁的影响，此区温度低，挤压时未能完全再结晶，淬火加热时未再结晶的晶粒再结晶并长大吞并已经再结晶的晶粒，于是在表层形成了粗晶环。有粗晶环的坯料锻造时容易开裂，如粗晶环保留在锻件表层，则将降低零件的性能。有粗晶环缺陷的坯料，在锻造前必须将粗晶环车去。

② 冷硬现象　变形时温度偏低或变形速度太快，以及锻后冷却过快，均可能使再结晶引起的软化跟不上变形引起的强化（硬化），从而使热锻后锻件内部仍部分保留冷变形组织。这种组织的存在提高了锻件的强度和硬度，但降低了塑性和韧性。严重的冷硬现象可能引起锻裂。

③ 裂纹（图 2-25）　裂纹通常是由锻造时存在较大的拉应力、切应力或附加拉应力引起的。裂纹通常发生在坯料应力最大、厚度最薄的部位。如果坯料表面和内部有微裂纹、坯料内存在组织缺陷、热加工温度不当使材料塑性降低，或变形速度过快、变形程度过大超过材料允许的塑性指标等，则在镦粗、拔长、冲孔、扩孔、弯曲和挤压等工序中都可能产生裂纹。

图 2-25　锻造裂纹

表面裂纹多发生在轧制棒材和锻制棒材上，一般呈直线形状，和轧制或锻造的主变形方向一致。造成这种缺陷的原因很多，例如钢锭内的皮下气泡在轧制时一面沿变形方向伸长，一面暴露到表面上和向内部深处发展。又如在轧制时，坯料的表面被划伤，冷却时将造成应力集中，从而可能沿划痕开裂。这种裂纹若在锻造前不去掉，锻造时便可能扩展引起锻件裂纹。

龟裂是在锻件表面呈现较浅的龟状裂纹。在锻件成形中受拉应力的表面（例如，未充满的凸出部分或受弯曲的部分）最容易产生这种缺陷。引起龟裂的内因可能是多方面的：原材料含 Cu、Sn 等易熔元素过多；高温长时间加热时，钢料表面有铜析出，表面晶粒粗大、脱碳，或经过多次加热的表面；燃料含硫量过高，有硫渗入钢料表面。

飞边裂纹是模锻及切边时在分模面处产生的裂纹。飞边裂纹产生的原因可能是：在模锻操作中由于重击使金属强烈流动而产生穿筋现象；镁合金模锻件切边温度过低，铜合金模锻件切边温度过高。

分模面裂纹是指沿锻件分模面产生的裂纹。原材料非金属夹杂多，模锻时向分模面流动与集中或缩管残余在模锻时挤入飞边后常形成分模面裂纹。

④ 白点　白点的主要特征是在钢坯的纵向断口上呈圆形或椭圆形的银白色斑点，在横向断口上呈细小的裂纹。白点的大小不一，长度为1～20mm或更长。

白点在镍铬钢、镍铬钼钢等合金钢中常见，普通碳钢中也有发现，是隐藏在内部的缺陷。

白点是在氢、相变时的组织应力以及热应力的共同作用下产生的，当钢中含氢量较多和热压力加工后冷却（或锻后热处理）太快时较易产生。

用带有白点的钢锻造出来的锻件，在热处理时（淬火）易发生龟裂，有时甚至成块掉下。白点降低钢的塑性和零件的强度，是应力集中点，它像尖锐的切刀一样，在交变载荷的作用下，很容易变成疲劳裂纹而导致疲劳破坏。所以锻造原材料中绝对不允许有白点。

⑤ 折叠　折叠是金属变形过程中已氧化过的表层金属汇合到一起而形成的。它可以是由两股（或多股）金属对流汇合形成；也可以是由一股金属的急速大量流动将邻近部分的表层金属带着流动，两者汇合形成的；也可以是由于变形金属发生弯曲、回流而形成；还可以是部分金属局部变形，被压入另一部分金属内而形成。折叠与原材料和坯料的形状、模具的设计、成形工序的安排、润滑情况及锻造的实际操作等有关。折叠不仅减小了零件的承载面积，而且工作时由于此处的应力集中往往成为疲劳源。

折叠形成的原因是，金属坯料在轧制过程中，由于轧辊上的型槽定径不正确，或因型槽磨损面产生的毛刺在轧制时被卷入，形成和材料表面成一定倾角的折缝。对钢材，折缝内有氧化铁夹杂，四周有脱碳。折叠若在锻造前不去掉，可能引起锻件折叠或开裂。

⑥ 穿流和流线分布不顺　穿流是流线分布不当的一种形式。在穿流区，原先成一定角度分布的流线汇合在一起形成穿流，并可能使穿流区内、外的晶粒大小相差较为悬殊。穿流产生的原因与折叠相似，是由两股金属或一股金属带着另一股金属汇流形成的，但穿流部分的金属仍是一整体。穿流使锻件的力学性能降低，尤其当穿流带两侧晶粒相差较悬殊时，性能降低较明显。

锻件流线分布不顺是指在锻件低倍上发生流线切断、回流、涡流等流线紊乱现象。模具设计不当或锻造方法选择不合理，预制毛坯流线紊乱，工人操作不当及模具磨损而使金属产生不均匀流动，都可以使锻件流线分布不顺。流线不顺会使各种力学性能降低，因此对于重要锻件，都有流线分布的要求。

⑦ 铸造组织残留　铸造组织残留主要出现在用铸锭作坯料的锻件中。铸态组织主要残留在锻件的困难变形区。锻造比不够和锻造方法不当是铸造组织残留产生的主要原因。铸造组织残留会使锻件的性能下降，尤其是冲击韧度和疲劳性能等。

⑧ 碳化物偏析　碳化物偏析经常在含碳量高的合金钢中出现。其特征是在局部区域有较多的碳化物聚集。它主要是由钢中的莱氏体共晶碳化物和二次网状碳化物，在开坯和轧制时未被打碎和均匀分布造成的。碳化物偏析将降低钢的锻造变形性能，易引起锻件开裂，锻件热处理淬火时容易局部过热、过烧和淬裂，制成的刀具使用时刃口易崩裂。

亮线是在纵向断口上呈现结晶发亮的有反射能力的细条线，多数贯穿整个断口，大多数产生在轴心部分。亮线主要是由合金偏析造成的。轻微的亮线对力学性能影响不大，严重的亮线将明显降低材料的塑性和韧性。

⑨ 带状组织　带状组织是铁素体和珠光体、铁素体和奥氏体、铁素体和贝氏体以及铁素体和马氏体在锻件中呈带状分布的一种组织，它们多出现在亚共折钢、奥氏体钢和半马氏体钢中。这种组织，是在两相共存的情况下锻造变形时产生的带状组织，能降低材料的横向塑性指标，特别是冲击韧性。在锻造或零件工作时常易沿铁素体带或两相的交界处开裂。

⑩ 局部充填不足　局部充填不足主要发生在筋肋、凸角、转角、圆角部位，尺寸不符合图样要求。产生的原因可能是：锻造温度低，金属流动性差；设备吨位不够或锤击力不足；制坯模设计不合理，坯料体积或截面尺寸不合格；模膛中堆积氧化皮或焊合变形金属。

⑪ 欠压　欠压指垂直于分模面方向的尺寸普遍增大。产生的原因可能是：锻造温度低，设备吨位不足、锤击力不足或锤击次数不足。

⑫ 错移　错移是锻件沿分模面的上半部相对于下半部产生位移。产生的原因可能是：滑块（锤头）与导轨之间的间隙过大；锻模设计不合理，缺少消除错移力的锁口或导柱；模具安装不良。

⑬ 轴线弯曲　锻件轴线弯曲，与平面的几何位置有误差。产生的原因可能是：锻件出模时不注意；切边时受力不均；锻件冷却时各部分降温速度不一致；清理与热处理不当。

⑭ 结疤 是在轧材表面局部区域形成的一层可剥落的薄膜。浇注时钢液飞溅而凝结在钢锭表面，轧制时被压成薄膜，贴附在轧材的表面，即为结疤。锻后锻件经酸洗清理，薄膜将会剥落而成为锻件表面缺陷。

⑮ 层状断口 层状断口的特征是其断口或断面与折断了的石板、树皮很相似。层状断口多发生在合金钢（铬镍钢、铬镍钨钢等）中，碳钢中也有发现。

这种缺陷的产生是由于钢中存在的非金属夹杂物、枝晶偏析以及气孔疏松等缺陷，在锻、轧过程中沿轧制方向被拉长，使钢材呈片层状。如果杂质过多，锻造就有分层破裂的危险。层状断口越严重，钢的塑性、韧性越差，尤其是横向力学性能很低，所以钢材如具有明显的层片状缺陷是不合格的。

⑯ 非金属夹杂（图2-26） 非金属夹杂物主要是熔炼或浇注的钢水冷却过程中由于成分之间或金属与炉气、容器之间的化学反应而形成的。另外，在金属熔炼和浇注时，由于耐火材料落入钢液中，也能形成夹杂物，这种夹杂物统称夹渣。在锻件的横断面上，非金属夹杂可以呈点状、片状、链状或团块状分布。严重的夹杂物容易引起锻件开裂或降低材料的使用性能。

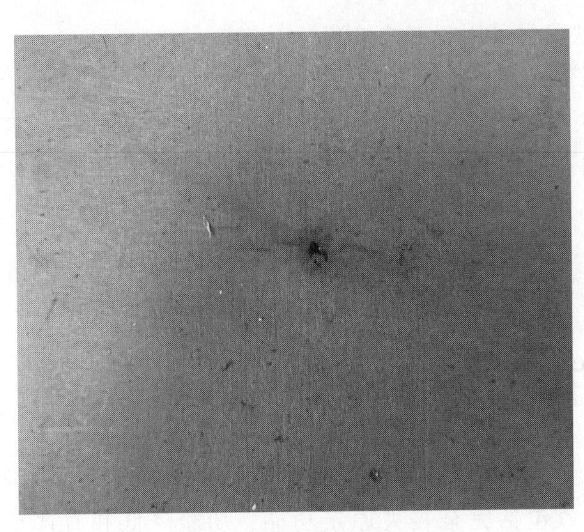

图2-26 非金属夹杂

⑰ 铝合金氧化膜 铝合金氧化膜一般多位于模锻件的腹板上和分模面附近。在低倍组织上呈微细的裂口，在高倍组织上呈涡纹状。在断口上的特征可分两类：其一，呈平整的片状，颜色从银灰色、浅黄色直至褐色、暗褐色；其二，呈细小密集而带闪光的点状物。

铝合金氧化膜是由熔铸过程中敞露的熔体液面与大气中的水蒸气或其

它金属氧化物相互作用时所形成的氧化膜在转铸过程中被卷入液体金属的内部形成的。

锻件和模锻件中的氧化膜对纵向力学性能无明显影响，但对高度方向力学性能影响较大，它降低了高度方向强度性能，特别是高度方向的伸长率、冲击韧性和高度方向抗腐蚀性能。

⑱ 缩管残余　缩管残余一般是由于钢锭冒口部分产生的集中缩孔未切除干净，开坯和轧制时残留在钢材内部而产生的。缩管残余附近区域一般会出现密集的夹杂物、疏松或偏析。在横向低倍中呈不规则的皱褶的缝隙。锻造时或热处理时易引起锻件开裂。

2.5.2　缺陷检测方法

① 锻件尺寸检验可用直尺、卡钳、卡尺或游标卡尺等通用量具进行测量。

② 锻件表面质量检测最普遍、最常用的方法是目视检测，观察锻件表面有无裂纹、折叠、压伤、斑点、表面过烧等缺陷。也可用磁粉探伤或着色渗透探伤。

③ 内部缺陷常采用超声波检测。

锻件的低倍检验，实际上是用肉眼或借助 10～30 倍的放大镜，检查锻件断面上的缺陷，生产中常用的方法有酸蚀、断口、硫印等。对于流线、枝晶、残留缩孔、空洞、夹渣、裂纹等缺陷，一般用酸蚀法；对于过热、过烧、白点、分层、萘状和石状断口等缺陷，采用断口检查最易发现；对于钢中硼化物分布的状况，硫印法是唯一有效的检查方法。

性能缺陷采用拉力、冲击、硬度试验等方法。

2.6　在役设备缺陷

失效是一个广义的概念，工程中，零部件失去原有设计所规定的功能称为失效。失效包括完全丧失原定功能、功能降低和有严重损伤或隐患，继续使用会失去可靠性及安全性。机械设备或零部件的失效形式主要有磨损、断裂和腐蚀。

通用的分类方法可将失效形式分为过度变形失效、断裂失效和表面损伤失效三大类。

过度变形失效可分为过度弹性变形失效和过度塑性变形失效两类。断裂失效按照从断裂表现出的形态（脆断或韧断）、引起断裂的原因（载荷、环境等)、断裂的机理（解理、疲劳、蠕变等）进行综合考虑的混合分类方法，分为韧性断裂、脆性断裂、疲劳断裂、环境（腐蚀）断裂和蠕变断裂等五种基本的断裂失效。表面损伤失效主要分为磨损和表面腐蚀两类，表面损伤失效既涉及载荷、应力和介质的性质，也与材料的有关性能有关。

2.6.1 特种设备失效原因分类

（1）腐蚀减薄（图 2-27）

构件材料在腐蚀介质或腐蚀环境的作用下，材料被腐蚀，造成的厚度减薄。

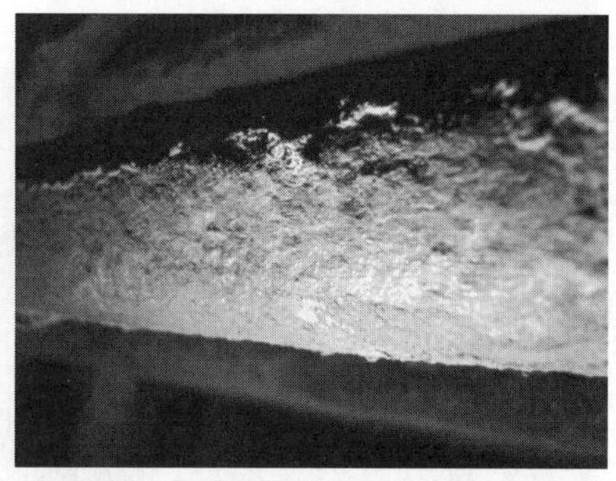

图 2-27　腐蚀类缺陷

（2）材料开裂（图 2-28）

构件材料在介质或环境作用下发生的开裂，包含应力腐蚀开裂和非应力导向开裂。

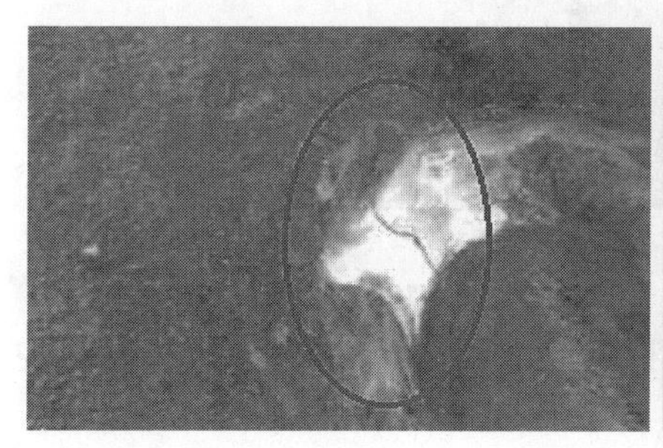

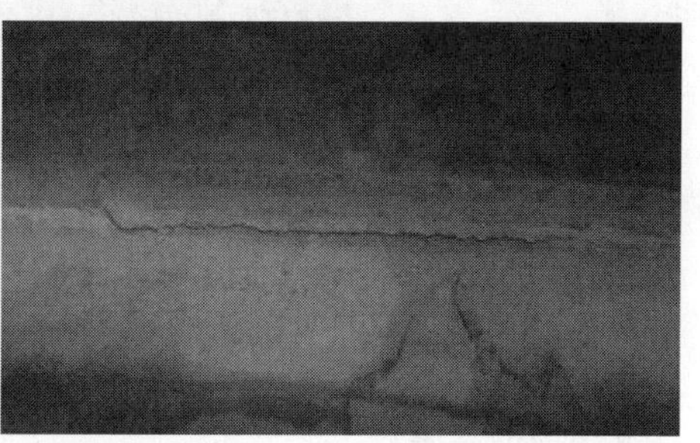

图 2-28　裂纹类缺陷

（3）材质劣化或部件变形（图 2-29）

构件材料在温度或介质等因素作用下，金相组织或材料组成结构发生变化，导致耐腐蚀性能下降，或冲击韧性等力学性能指标降低。

（4）机械损伤或磨损（图 2-30）

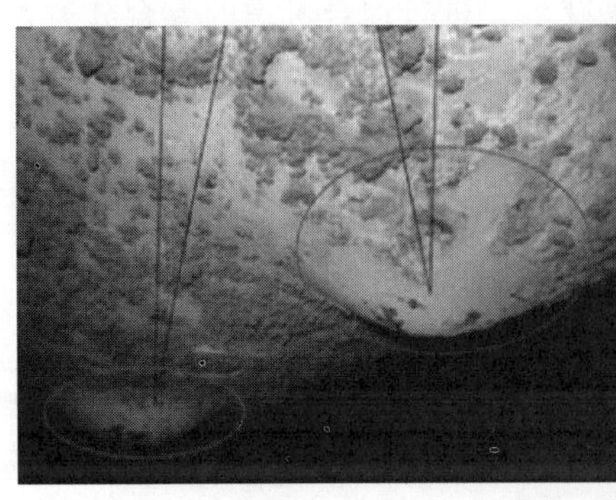

图 2-29　变形类缺陷

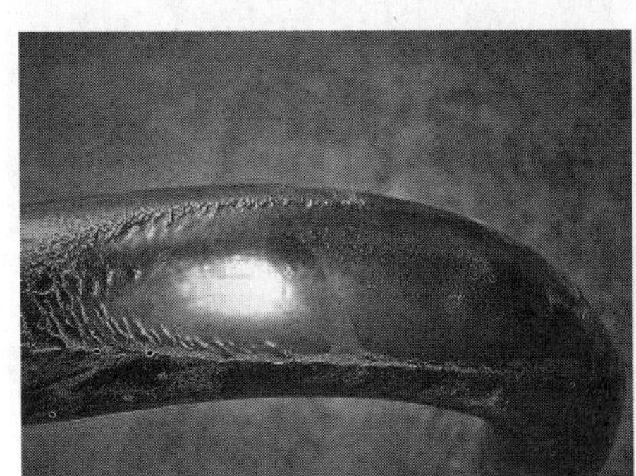

图 2-30　磨损及机械损伤

机械损伤是指在机械载荷作用下材料发生组织连续性被破坏或功能丧失等损伤的过程。

2.6.2　设备断裂失效形式分析

常见的几种设备失效的机理、形貌等分析如下。

(1) 韧性失效

金属构件超载时会发生塑性变形，使宏观尺寸发生明显变化。当其所受应力增大到材料的抗拉强度时，结构便出现断裂失效。一般将发生明显塑性变形之后的断裂称为韧性（或称延性）断裂失效。

韧性断裂的宏观特征：明显的塑性变形；爆破口是长缝或有分叉，但无碎片。

韧性断裂的断口特征：断口上的纤维区、放射纹区（或人字纹区）、剪切唇区是断口的三个要素。纤维区无金属光泽，色质灰暗，越是灰暗说明材料的塑性越好，断裂时的拉伸塑性变形量越大。放射纹区是继纤维区的断裂发展到临界尺寸之后，随即发生快速撕裂时断口上留下的痕迹，放射纹是快速撕裂的痕迹。剪切唇一般是断裂扩展到接近构件的边缘时在平面应力状态下由最大剪应力引起撕裂的痕迹，最大主应力约成 45°夹角。

断口的显微形貌特征：电镜中显示的纤维区形貌特征是呈韧窝花样，韧窝花样显示了金属的这种断裂机制的微孔聚集；在裂缝快速撕裂扩展过程中形成的人字纹，其断裂的机理比较特殊，在电子显微镜中显示的形貌既不是严格按结晶面断开的解理断裂机制，也不是像韧性断裂的微孔聚集，因此被称为“准解理”；剪切唇的显微形貌一般属于拉长韧窝型的形貌。

（2）脆性断裂失效

脆性断裂失效主要是指设备在没有发生塑性变形时就发生断裂或爆炸。其一是由于材料的脆性转变而引起的脆断；二是由于构件出现了严重的缺陷（如裂纹）导致发生低应力水平下的脆断，这称为低应力脆断。

脆性断裂的宏观特征：宏观变形量很小，主要指塑性变形量小到几乎用肉眼从宏观上觉察不到，例如容器的变形看不到鼓胀，周长几乎测量不到变化，壁厚几乎没有减薄。爆破时体积膨胀量极小，易有碎片。

断口的宏观特征：断口平齐，断口和最大主应力方向相垂直，断口边缘不会出现剪切唇，断口上不会留下记录断裂方向的人字形或放射形纹路，断口上呈现金属闪光。断口的显微特征：解理断裂，沿晶体某一结晶学平面的断裂称为解理断裂。面心立方结构的晶体（如奥氏体不锈钢）在任何温度下（包括深度冷冻的温度下）也不会发生解理型的脆断。由于解理是沿某一结晶面断裂的，因此解理必然是一种穿晶断裂；解理断裂后的断口在电子显微镜中显示出最重要的显微形貌特征是河流状的花样。

由严重缺陷引起低应力脆断的断口特征：容器设备存在严重缺陷时（如裂纹、未焊透或未熔合），只要载荷达到一定程度即会引起断裂。如果材料相对较脆，则断裂时载荷不会很大，结构总体上尚未屈服，这就是低应力脆断。判断是否属于低应力脆断的准则有两条：一是总体塑性变形是否明显；二是断裂时的应力是否达到屈服的程度。断口的宏观特征：断口与单纯因材料脆性造成的脆断最重要的差别是断口上有一明显的原始缺陷；加载过程中缺陷逐步扩展引起的撕裂过程区宏观上是较窄的纤维区；快速撕裂区宏观上是呈放射纹及人字纹区，通常不出现金属闪光；边缘为剪切唇区 。断口的显微特征：断口在撕裂过程区（纤维区）、快速撕裂区形成的人字纹与放射纹以及边缘的剪切唇区的显微特征与前面所述的韧性断裂断口并无本质区别。原始缺陷区域的显微特征则相当复杂，在电镜中观察到的形貌也变化多端。

（3）疲劳断裂失效

载荷的交变和结构存在应力集中是疲劳断裂失效的两大基本原因。载荷交变（压力、温度及其它载荷的交变）是造成疲劳断裂的根本原因。结构的应力集中会加快疲劳断裂的速度。

疲劳断口宏观特征：断口比较平齐光整；断口上有明显的分区。疲劳断口较易与其它断口相区别。疲劳断口总体上虽然平齐光整，但与解理断裂带有闪光的“结晶状”断口不同，也与沿晶脆断的粗糙晶粒断口不同。

① 萌生区　其几何尺度极小，从失效分析的角度来说，有时却很重要，需弄清萌生区是否有冶金缺陷、制造缺陷，或腐蚀形成的缺陷。

② 疲劳扩展区　是疲劳断口中最具特别形貌的区域。不但平齐光整而且用肉眼可以观察到特殊的贝壳纹路即犹如贝类外壳上的弧状条纹，而贝壳状纹路的中心就是疲劳裂纹的萌生区或原始缺陷区。

③ 瞬断区　是疲劳断口上最终断裂区，是放射纹及人字纹区 ，可能在边缘区有剪切唇。

疲劳断口的显微特征：在电镜中放大至千倍（甚至上万倍）时可以观察到的主要特征是疲劳辉纹。不是所有金属材料的电子显微疲劳断口都有清晰整齐的辉纹。一般是铝合金和镍合金的疲劳辉纹十分清晰整齐；奥氏体不锈钢疲劳断口的疲劳辉纹也较清晰；而低合金钢，特别是强度较高的低合金钢，这类铁素体和珠光体类钢的辉纹往往很不清晰。需要说明的是，宏观上观察到断口上的贝壳纹不是电镜中的疲劳辉纹，但两者有密切联系。只有在变载荷时才会形成宏观上的贝壳纹。断口上的疲劳辉纹（疲劳条带）是裂纹疲劳扩展过程痕迹的记录。理论上可认为由于每一循环就在断口上留下一条辉纹，因此从辉纹间测得的间距大体可以计算出疲劳扩展速率。但实际上是每一条带要经过若干次循环才会形成。

（4）蠕变失效

蠕变是高温下材料在晶界和晶内不断滑移变形，从而逐步产生显微空洞，空洞长大、连片，形成裂纹并继续扩展的过程。材料在高温下持续长时间受载，会产生非常缓慢的蠕变变形。这种蠕变的积累将会导致宏观的永久变形，从而出现蠕变断裂或松弛。发生蠕变的起始温度随金属材料而异，低碳钢为370℃，奥氏体铁基高温合金为540℃，镍基和钴基高温合金为650℃。$T_{蠕} \geqslant 0.4T_{熔}$（K），蠕变失效的宏观特征主要显示出过度的变形，导致出现蠕变空洞、蠕变裂纹和蠕变断裂。只有在等强温度（晶内强度与晶界强度相等的温度）以上的蠕变脆断，在金相上才有蠕变特点。主要是沿晶空洞，严重时不但有空洞还会有沿晶微裂纹，甚至有宏观裂纹 。大多数蠕变失效属蠕变脆断，其蠕变断口主要有两个特征，一是呈现岩石状的沿晶蠕变断裂，二是晶界上具有若干韧窝，即洞形的空腔。

（5）腐蚀失效

金属材料以及由它们制成的结构物，在自然环境中或者在工况条件下，由于与其所处环境介质发生化学或者电化学作用而引起变质和破坏，这种现象称为腐蚀。腐蚀机理包括化学腐蚀和电化学腐蚀。化学腐蚀是没有电荷参与的腐蚀；电化学腐蚀中电极电位低的阳极是被腐蚀的极，通常它是失去电子，被氧化的极两种金属共处一电介质中，电极电位低的则被腐蚀。腐蚀破坏主要是造成金属材料的损失和开裂。

腐蚀失效破坏形式 ：均匀腐蚀失效破坏形式有韧性失效和脆断失效。因厚度大范围减薄而导致韧性失效，可以说均匀腐蚀导致的韧性破坏是一种低载荷（而不是低应力）的韧性破坏。由均匀腐蚀导致金属的全面脆化就会引起脆断，如氢腐蚀已使材料全面致脆，就有发生脆断的危险。局部腐蚀失效破坏形式有局部鼓胀变形及爆破失效、孔蚀泄漏、腐蚀裂纹泄漏、低应力脆断等。

典型的腐蚀形态：全面腐蚀（过去称均匀腐蚀）、孔蚀（点蚀）、晶间腐蚀、应力腐蚀、冲蚀、缝隙腐蚀、氢腐蚀、双金属腐蚀（电极电位低的金属被腐蚀）等。

① 晶间腐蚀失效　晶间腐蚀就是指沿晶界发生的腐蚀，包括晶界及其附近很窄的区域在内的区间发生的腐蚀。常见的奥氏体不锈钢的晶间腐蚀主要发生在焊接区，特别是母材的焊接热影响区，因为母材部分在轧制成板材或管材出厂之前已进行过固溶化处理与敏化效应。减少焊缝发生晶间腐蚀的主要方法是采用含碳量很低的母材焊条焊丝（$w_C \leqslant 0.08\%$低碳，$w_C \leqslant 0.03\%$超低碳），其同时含有更能快速形成碳化物的铌、钛元素，以防止形成$Cr_{23}C_6$。稳定化处理是将奥氏体不锈钢加热至900℃让钛或铌首先与碳形成碳化物，防止再在晶界析出碳化铬和出现贫铬区。晶间腐蚀的预防一般以采用能抵抗介质晶间腐蚀的材料为宜，例如当采用304不锈钢发现有晶

间腐蚀时，则可改用超低碳（w_C<0.03%）的304L不锈钢。

② 应力腐蚀失效　金属材料的应力腐蚀在材质、介质和应力（主要是拉应力）三个因素的共同作用和耦合下才会发生。应力腐蚀的表现形态主要是形成不断扩展的裂纹，这是一种在应力作用下的局部腐蚀，危害性特别大。

应力腐蚀裂纹的宏观形貌特征：用肉眼或借助放大镜观察这类裂纹，发现应力腐蚀裂纹宏观上具有多源、分叉、宏观总体走向与最大主应力基本相垂直等三大特征。应力腐蚀裂纹往往起源于结构的应力集中处，焊缝的咬边、引弧坑以及孔蚀的凹坑、甚至焊缝的焊波处均是容易引发应力腐蚀裂纹的地方，因此常常是多源的裂纹，不是只有一条裂纹。显微形貌：用金相显微镜或扫描电镜观察时，可以发现腐蚀扩展的途径有穿晶扩展，沿晶扩展和混合型（既有穿晶同时又有沿晶扩展）三种类型。

奥氏体不锈钢对氯离子的应力腐蚀（俗称氯脆）十分敏感。凡奥氏体不锈钢经过敏化温度（450～850℃）加热（包括焊接区），过饱和的碳形成碳化物沉淀并在缓冷过程中易形成晶界贫铬的，晶界的耐蚀性下降，晶界的负电位更低，容易形成沿晶的应力腐蚀。低碳、超低碳的奥氏体不锈钢或不经敏化温度热加工的，则不易形成沿晶的应力腐蚀，但易形成穿晶应力腐蚀。特别是经过冷作加工的更易形成穿晶应力腐蚀。防止或减缓奥氏体不锈钢应力腐蚀的基本途径为：用低碳与超低碳不锈钢可以减缓沿晶应力腐蚀开裂及扩展，但不能消除应力腐蚀开裂的敏感性；尽量避免敏化温度范围内的加热与缓慢冷却；做消除残余应力处理。奥氏体不锈钢经深度冷加工出现较多马氏体组织而硬化的结构件（如波纹形膨胀节等），对应力腐蚀更为敏感。奥氏体不锈钢，还对高温高压纯水（例如电厂纯水、核电站纯水）、连多硫酸、湿 H_2S、NaOH 水溶液、海水与海洋大气等环境也有应力腐蚀开裂的敏感性。

③ 碱脆　低碳钢和低合金钢在苛性碱溶液中的应力腐蚀称为碱脆。较多发生在用 NaOH 处理过的软化水系统中 。当碱浓度大于5%～15%时才可能出现碱脆，浓度达到30%时最为敏感。设备中容易发生 NaOH 富集浓缩的地方尤易出现碱脆，产生碱脆的最低温度为60～65℃，温度愈高愈易发生，在沸点附近最容易发生碱脆。含碳量低于0.20%的低碳钢和低合金钢较敏感。合金元素 Al、Ti、Nb、V、Cr 等的加入可以降低甚至消除碱脆敏感性。能导致碱脆的介质还有 KOH、LiOH 及 K_2CO_3 等。

④ 腐蚀疲劳　化工设备中许多金属材料构件都工作在腐蚀的环境中，同时还承受着交变载荷的作用。与惰性环境中承受交变载荷的情况相比，

交变载荷与侵蚀性环境的联合作用往往会显著降低构件疲劳性能，这种疲劳损伤现象称为腐蚀疲劳。腐蚀疲劳是在腐蚀环境中的疲劳问题，断口上的腐蚀产物多，裂纹尖端不尖锐，较圆钝。

⑤ 氢腐蚀　是一种化学腐蚀，其化学反应式为 $Fe_3C+2H_2 \longrightarrow 3Fe+CH_4$。氢腐蚀后金相特征有脱碳，即碳化物相消失和出现甲烷鼓泡现象。氢腐蚀后超声测厚可能会出现增厚假象，原因是钢中甲烷气相增多，声速减慢，显示声程增大，折算出壁后增厚。氢腐蚀后经金属敲击的清脆声消失，变得闷哑。

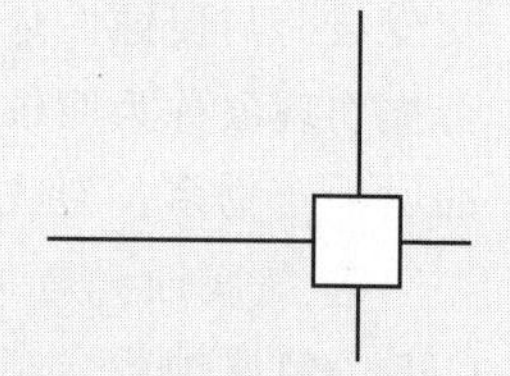

第3章 宏观目视检测常用的仪器工具

宏观目视检测常用到直尺、卷尺、游标卡尺、外径（内径）千分尺、塞尺、焊接检验尺、测厚仪、放大镜、照度计、光源等。

选择测量仪器工具，应考虑仪器工具的量程及适用范围、精度等级等。根据被检测工件的计量溯源要求，有的还要求测量用仪器工具做到计量检定校准符合要求。选择测量仪器工具，应保证测量结果的准确。

准确度为测量结果与被测量真值之间的一致程度；正确度为无穷多次测量结果平均值与一个参考量值之间的一致程度；精密度为在规定条件下获得的测量值之间的一致程度，精密度仅指多次测量时各测量值的离散程度，指由于随机影响使测量结果不能完全重复或复现。

测量结果的重复性是指在相同的程序、观测者、地点、条件下使用相同测量器具短期内对同一被测量连续进行多次测量所得结果之间的一致性。

测量结果的复现性（再现性）是指在变化的测量条件下，变化的测量条件包括测量原理与方法、测量器具、参照标准、观测者、地点、时间、使用条件等，同一被测量的测量结果之间的一致性。

计量检定按管理性质分为强制检定和非强制检定。强制检定是指列入强制检定范围的测量标准和测量器具必须定期定点地送往法定计量检定机构或经授权的计量技术机构检定。非强制检定是指对强制检定范围以外的工作测量标准或工作测量器具，可由使用单位自行依法进行定期检定，若本单位自己不能检定的，可送有权开展量传工作的其它计量技术机构检定。

仪器工具量值溯源性证明有检定证书和校准证书（校准报告）两种。检定证书是证明测量器具经过检定合格的文件。校准证书（校准报告）是证明测量器具经过校准并表示校准结果的文件。

3.1 直尺

直尺广泛应用于测量、工程等。根据制造直尺的材料不同，直尺有钢直尺、塑料尺、木质直尺等，工业上常用是钢直尺。直尺是最简单的长度量具，常用的长度有 150mm、300mm、500mm 和 1000mm 等规格，图 3-1 为钢直尺和塑料直尺。

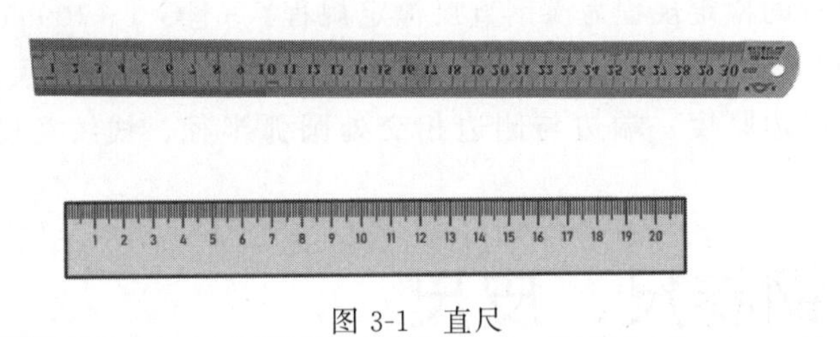

图 3-1　直尺

3.1.1 精度

用于测量零件的长度尺寸时，钢直尺的测量结果不太准确。这是由于钢直尺的刻线间距为 1mm，有的可以达到 0.5mm，而刻线本身的宽度就有 0.1～0.2mm，在读数时难以精确对准，所以测量时读数误差比较大。在测量零件的直径尺寸（轴径或孔径）时，可以利用钢直尺和内外卡钳配合进行。

3.1.2 使用方法

① 使用钢直尺时，应以左端的零刻度线为测量基准，这样不仅便于找正测量基准，而且便于读数。测量时，尺要放正，不得前后左右歪斜；否则，从直尺上读出的数据会比被测的实际尺寸大。

② 用钢直尺测圆截面直径时，被测面应平，使尺的左端与被测面的边缘相切，摆动尺子找出最大尺寸，即为所测直径。

③ 钢直尺的另外几种测量方法应用如图 3-2 所示。

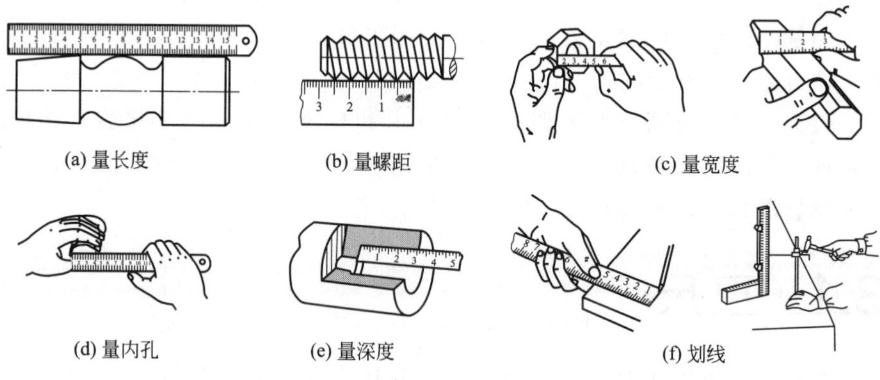
(a) 量长度　(b) 量螺距　(c) 量宽度
(d) 量内孔　(e) 量深度　(f) 划线

图 3-2　钢直尺的应用

3.1.3　检定校准要求

直尺执行的检定规程为《钢直尺检定规程》(JJG 1—1999)，检定校准项目为外观、尺面平面度、弹性、尺的端边侧边的直线度、尺的端边与侧边垂直度、侧边厚度、端边与侧边相交处圆弧半径、线纹宽度及宽度差、示值误差。

3.2　钢卷尺、皮尺

测量较长工件的尺寸或距离时常用的距离测量方法有卷尺测量和激光测距等。卷尺测量属于直接量距。激光测距是用仪器在两点间发射和接收激光光波，按其传播速度和时间计算出测定距离，激光测距属于间接测距。

卷尺主要由外壳、尺条、制动、尺钩、提带、尺簧、防摔保护套和贴标八个部件构成。卷尺的主要类型有钢卷尺和纤维卷尺（皮尺），以钢卷尺为例，其规格长度有 3m、5m、20m、30m、50m 等数种，图 3-3 为卷尺。

图 3-3　卷尺

3.2.1　精度

钢卷尺的最小刻度是毫米，毫米以下等级数据需要估读。在钢卷尺的使用中，产生误差的主要原因有下列几种。温度变化的误差。一般钢卷尺的线胀系数为 $\alpha=1.25\times10^{-5}$，每米钢卷尺每摄氏度温差变化仅为八万分之一，但相同的钢卷尺在温差较大的环境下还是会产生较大的长度变化，影响测量结果。拉力误差。拉力大小会影响钢卷尺的长度，在测量时如果不用弹簧秤衡量拉力，会产生误差。钢的弹性模量 $E=2\times10^{5}$ MPa，根据胡克定律，30m 的尺长在 50N 拉力时会产生 1.8mm 的长度误差。钢卷尺与测量工件（距离）不平行产生的误差。测量水平距离时钢卷尺应尽量保持水平，否则会产生距离增长的误差。

3.2.2　使用方法

（1）直接读数法

测量时钢卷尺零刻度对准测量起始点，施以适当拉力（拉尺力以钢卷尺鉴定拉力或尺上标定拉力为准，用弹簧秤衡量），直接读取测量终止点所对应的尺上刻度。

（2）间接读数法

在一些无法直接使用钢卷尺的部位，可以用钢尺或直角尺，使零刻度对准测量点，尺身与测量方向一致；用钢卷尺量取到钢尺或直角尺上某一整刻度的距离，余长用读数法读出。

3.2.3　检定校准要求

执行规程为《标准钢卷尺检定规程》（JJG 741—2005）。卷尺检定校准项目有：标识及外观、尺边直线度、尺带宽度、厚度、线纹宽度、尺面平面度、标尺间隔、示值误差的侧边厚度、示值误差的稳定性、温度线胀系数。

3.3　游标卡尺

游标卡尺（图 3-4），是一种测量长度、内外径、深度的量具。游标卡尺由主尺和附在主尺上能滑动的游标两部分构成。主尺一般以毫米为单位，而游标上则有 10、20 或 50 个分格，分别为十分度（9mm）游标卡尺、二十分度（19mm）游标卡尺、五十分度（49mm）游标卡尺。游标卡尺的主尺和游标上有两副活动量爪，分别是内测量爪和外测量爪，内测量爪通常用来测量内径，外测量爪通常用来测量长度和外径。

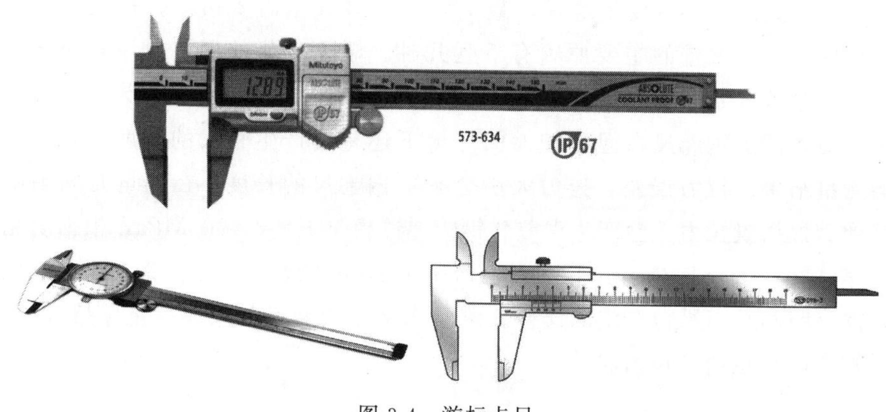

图 3-4　游标卡尺

3.3.1　精度

常用游标卡尺按其精度可分为 3 种，即 0.1mm、0.05mm 和 0.02mm（精度为 0.05mm 和 0.02mm 的游标卡尺原理同精度为 0.1mm 的游标卡尺）。精度为 0.05mm 的游标卡尺的游标上有 20 个等分刻度，总长为 19mm。测量时如游标上第 11 根刻度线与主尺对齐，则小数部分的读数为 11/20(mm)＝0.55(mm)。提高游标卡尺的测量精度在于增加游标上的刻度数或减小主尺上的最小刻度值。由于受到本身结构精度和人的眼睛对两条刻线对准程度分辨力的限制，精度为 0.02mm 的机械式游标卡尺精度不能再提高。

3.3.2　使用方法

用软布将量爪擦干净，使其并拢，查看游标和主尺身的零刻度线是否对齐。如果对齐就可以进行测量，如没有对齐则要记取零误差。游标的零刻度线在尺身零刻度线右侧的叫正零误差，在尺身零刻度线左侧的叫负零误差（这种规定方法与数轴的规定一致，原点以右为正，原点以左为负）。测量时，右手拿住尺身，大拇指移动游标，左手拿待测外径（或内径）的物体，使待测物位于外测量爪之间，当与量爪紧紧相贴时，即可读数。

以 0.1mm 精度的游标卡尺为例，读数时首先以游标零刻度线为准在尺身上读取整数，即以毫米为单位的整数部分。然后看游标上第几条刻度线与尺身的刻度线对齐，如第 6 条刻度线与尺身刻度线对齐，则小数部分即为 0.6mm（若没有正好对齐的线，则取最接近对齐的线进行读数）。如有零误差，则一律用上述结果减去零误差（零误差为负，相当于加上相同大小的正零误差），读数结果为，L＝整数部分＋小数部分－零误差。在判断游标上哪条刻度线与尺身刻度线对准时，可用下述方法，选定相邻的三条线，如左侧的线在尺身对应线之右，右侧的线在尺身对应线之左，中间那条线便可以认为是对准了，物体长度 L＝对准前刻度＋游标上第 n 条刻度线与尺身的刻度线对齐×（乘以）分度值，如果需测量几次取平均值，不需每次都减去零误差，只要从最后结果中减去零误差即可。

应用范围：游标卡尺作为一种常用量具，其可具体应用在以下四个方面，测量工件宽度，测量工件外径，测量工件内径，测量工件深度。

3.3.3　检定校准要求

游标卡尺的检定执行的检定规程为《通用卡尺》(JJG 30—2012)。检定校准项目包括外观及各部分相互作用、游标刻线面棱边至尺身刻线面的距离、测量面的表面粗糙度、外测量爪测量面的平面度、外测量爪两测量面的合并间隙、圆弧内测量爪的尺寸和平行度、刀口内测量爪的尺寸和平行度、零误差、示值误差等项目。

3.4　塞尺

塞尺（图 3-5）又称测微片或厚薄规，是由一组具有不同厚度级差的薄钢片组成的量规，可用于测量和检查两结合面之间的间隙尺寸。在检验被测尺寸是否合格时，可以用通止法判断，也可由检验者根据塞尺与被测表面配合的松紧程度来判断。

图 3-5　塞尺

3.4.1 规格

塞尺一般用不锈钢制造，0.02～1mm 规格的塞尺共有 16 片铁条，最薄的为 0.02mm，最厚的为 1mm，规格分别为 0.02mm、0.03mm、0.04mm、0.05mm、0.06mm、0.07mm、0.08mm、0.09mm、0.1mm、0.2mm、0.25mm、0.3mm、0.4mm、0.5mm、0.75mm、1.0mm。

3.4.2 使用方法

使用前先将塞尺和测量表面的污垢和灰尘去除干净，不能在塞尺沾有油污或金属屑末的情况下进行测量，否则将影响测量结果的准确性。

在检查被测间隙的尺寸时，来回拉动塞尺，感到稍有阻力，说明该间隙值接近塞尺上所标出的数值。如果拉动时阻力过大或过小，则说明该间隙值小于或大于塞尺上所标出的数值。

在测量和调整间隙时，先选择符合间隙规定的塞尺插入被测间隙中，然后一边调整，一边拉动塞尺，直到感觉稍有阻力时拧紧锁紧螺母，此时塞尺所标出的数值即为被测间隙值。

3.4.3 检定校准要求

塞尺检定执行《塞尺检定规程》(JJG 62—2017)，检定校准项目主要包括塞尺厚度、硬度、弯曲度等。

3.5 直角尺

直角尺（图 3-6）简称为角尺，通常用钢、铸铁或花岗岩制成。直角尺是检验和划线工作中常用的量具，用于检测工件的垂直度及工件相对位置的垂直度，特点是精度高、稳定性好、便于维修。

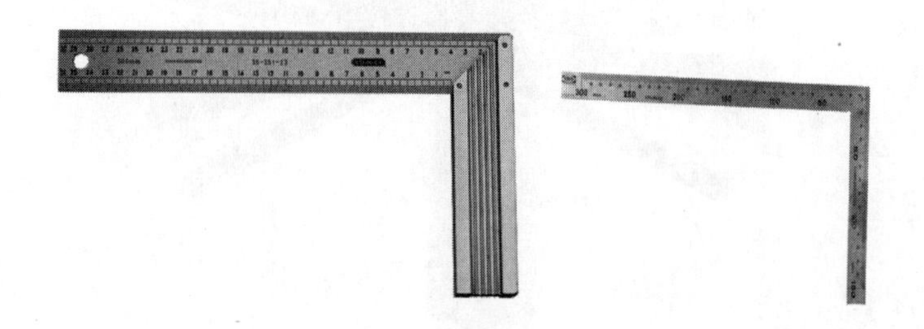

图 3-6　直角尺

直角尺按材质可分为钢铁直角尺、镁铝直角尺和花岗岩直角尺。镁铝直角尺也叫镁铝合金直角尺，质量轻，容易搬运，不容易变形。直角尺是测量面与基面互相垂直，用以检直角、垂直度和平行度的测量器具，又称为弯尺、靠尺、90°角尺。它结构简单，使用方便，是设备安装、调整、划线及平台测量中常用测量器具之一。

3.5.1　精度

直角尺的测量精度与钢板尺相同，可以达到0.5mm。

3.5.2　使用方法

使用前，应先检查各工作面和边缘是否被碰伤。角尺的长边的左、右面和短边的上、下面都是工件面（即内外直角）。将角尺工作面和被检工作面擦净。

使用时，将直角尺靠放在被测工件的工作面上，用光隙法鉴别工件的角度是否正确。注意轻拿、轻靠、轻放，防止扭曲变形。

为求精确测量结果，可将直角尺翻转180°再测量一次，取二次读数算术平均值为其测量结果，可消除角尺本身的偏差。

3.5.3　检定校准要求

直角尺检定执行《直角尺检定规程》（JJG 7—2004）。检定校准项目主要包括直角尺的外观、测量面和基面及侧面的表面粗糙度、测量面和基面的平面度、测量面的直线度、基面间的平行度、侧面的垂直度、α角测量面相对于基面的垂直度、β角测量面的垂直度、线纹钢直角尺示值误差等。

3.6　卡钳

卡钳有内卡钳和外卡钳，也可分为无表卡钳和有表卡钳两种。无表卡钳测量尺寸，需要借助于直尺或卡尺，有表卡钳可以直接读出数值。常用卡钳见图3-7。

3.6.1　卡钳精度

卡钳精度一般为毫米级。带读数的卡钳表精度可以达到0.05mm。

3.6.2　使用范围

用外卡钳测量圆的中心距时，要使两钳脚测量面的连线垂直于圆的轴

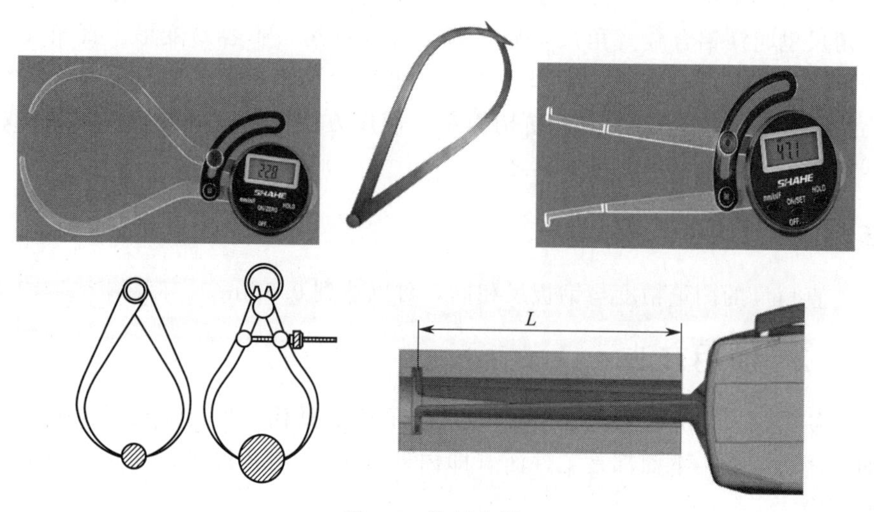

图 3-7 常用卡钳

线，不加外力，靠外卡钳自重滑过圆的外圆，这时外卡钳开口尺寸就是圆柱的直径。

用内卡钳测量孔的直径时，要使两钳脚测量面的连线垂直并相交于内孔轴线，测量时一个钳脚靠在孔壁上，另一个钳脚由孔口略偏里面一些逐渐向外测试，并沿孔壁的圆周方向摆动，当摆动的距离最小时，内卡钳的开口尺寸就是内孔直径。

3.7 内径千分尺

内径千分尺（Inside Micrometer）用于内尺寸精密测量（分单体式和接杆）。螺旋测微器是依据螺旋放大的原理制成的，即螺杆在螺母中旋转一周，螺杆便沿着旋转轴线方向前进或后退一个螺距的距离。因此，沿轴线方向移动的微小距离，就能用圆周上的读数表示出来。螺旋测微器的精密螺纹的螺距是 0.5mm，可动刻度有 50 个等分刻度，可动刻度旋转一周，测微螺杆可前进或后退 0.5mm，因此旋转每个小分度，相当于测微螺杆前进或后退 0.5/50＝0.01mm。可见，可动刻度每一小分度表示 0.01mm，所以螺旋测微器可准确到 0.01mm。由于还能再估读一位，可读到毫米的千分位，故又名千分尺。常见的内径千分尺有 0～25mm、25～50mm、50～75mm、75～100mm 等规格，也有更大量程可以达到数米规格的千分尺。内径千分尺结构尺寸见图 3-8。

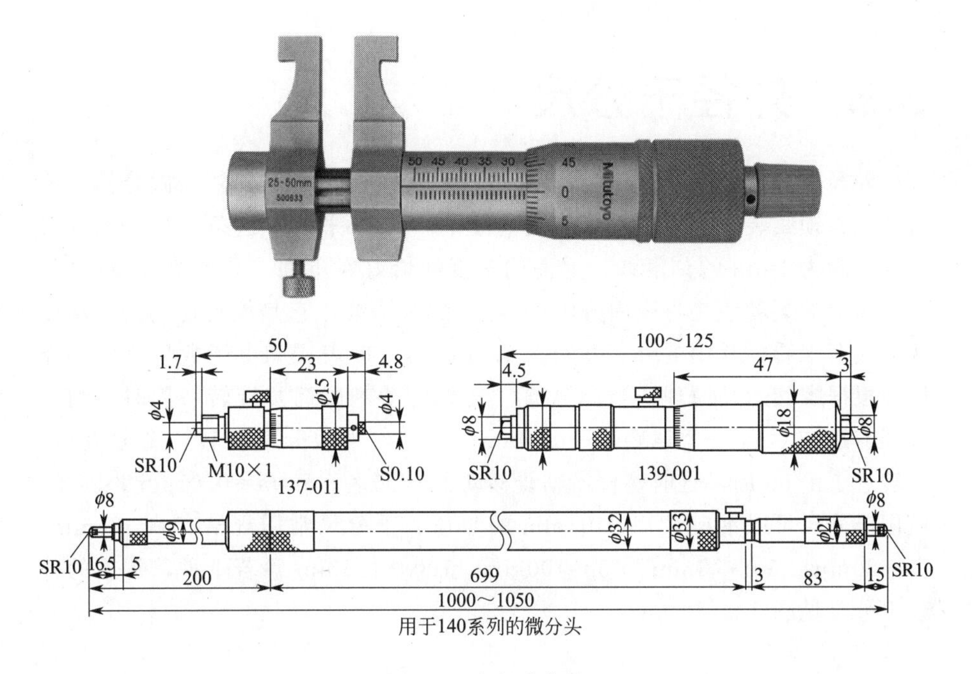

图 3-8　内径千分尺

3.7.1　精度

内径千分尺的每一格刻度值为 0.01mm，其精度可达到 0.01mm。

3.7.2　使用方法

① 内径千分尺在使用时，必须用尺寸最大的接杆与其测微头连接，依次顺接到测量触头，以减少连接后的轴线弯曲。

② 测量时应看测微头固定和松开时的变化量。

③ 在用内径千分尺测量孔时，将其测量触头测量面支撑在被测表面上，调整微分筒，使微分筒一侧的测量面在孔的径向截面内摆动，找出最小尺寸。

④ 由于接长后的大尺寸内径千分尺重力变形，涉及直线度、平行度、垂直度等形位误差，所以内径千分尺测量时支撑位置要正确。

3.7.3　检定校准要求

内径千分尺检定执行《内径千分尺检定规程》(JJG 22—2014)。检定项目主要包括外观、各部分相互作用、测头测量面的曲率半径、测量面表面粗糙度、刻线宽度及宽度差等。

3.8 外径千分尺

外径千分尺由固定的尺架、测砧、测微螺杆、固定套管、微分筒、测力装置、锁紧装置等组成。固定套管上有一条水平线，这条线上、下各有一列间距为 1mm 的刻度线，上面的刻度线恰好在下面二相邻刻度线中间。微分筒上的刻度线是将圆周分为 50 等分的水平线，它是旋转运动的。从读数方式上来看，常用的外径千分尺有普通式、带表式和电子数显式三种类型。根据螺旋运动原理，当微分筒（又称可动刻度筒）旋转一周时，测微螺杆前进或后退一个螺距——0.5mm。这样，当微分筒旋转一个分度后，它转过了 1/50 周，这时螺杆沿轴线移动了 1/50×0.5mm＝0.01mm，因此，使用千分尺可以准确读出 0.01mm 的数值。千分尺常用规格有 0～25mm、25～50mm、50～75mm、75～100mm、100～125mm 等若干种，常见的外径千分尺见图 3-9。

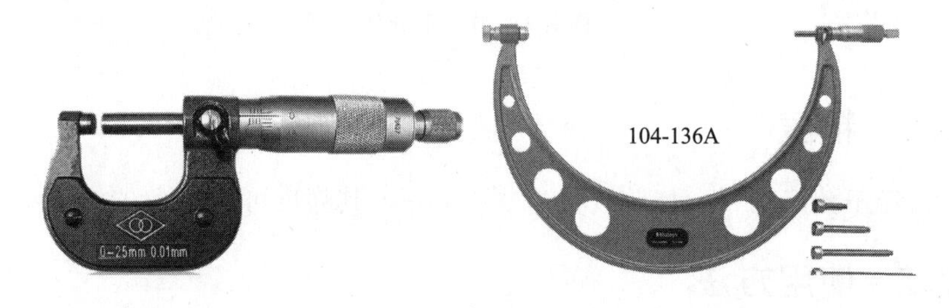

图 3-9 外径千分尺

3.8.1 精度

外径千分尺是比游标卡尺更精密的长度测量仪器，精度有 0.01mm、0.02mm、0.05mm 几种。

3.8.2 使用方法

使用千分尺时先要检查其零位是否校准，因此先松开锁紧装置，清除油污，特别是测砧与测微螺杆间接触面要清洗干净。读数时，以微分套筒的基准线为基准读取左边固定套筒刻度值，再以固定套筒基准线读取微分套筒刻度线上与基准线对齐的刻度，即为微分套筒刻度值，将固定套筒刻度值与微分套筒刻度值相加，即为测量值。

3.8.3　检定校准要求

外径千分尺检定执行《千分尺检定规程》(JJG 21—2008)。检定项目主要包括外观、各部件相互作用、测微螺杆的轴向窜动和径向摆动、测砧与测微螺杆工作的相对偏移、测力等。

3.9　测深尺

测深尺（图 3-10）是专门用来测量深度，可复现和保存计量单位的计量器具。

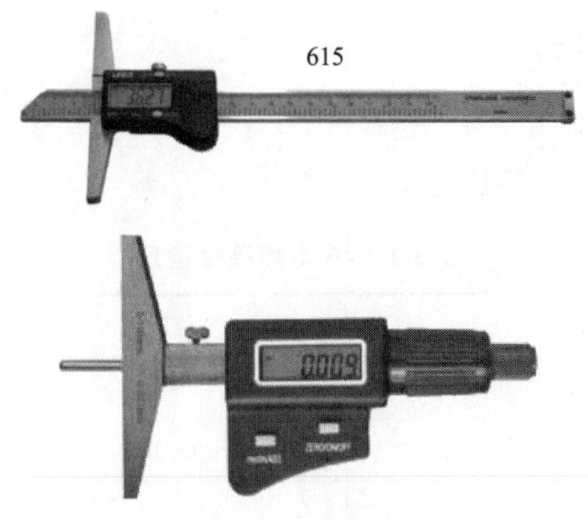

图 3-10　测深尺

3.9.1　精度

用游标卡尺测深功能，精度可以达到游标卡尺的精度。测深尺精度可以达到 0.01mm。

3.9.2　使用方法

用测深尺测深度时，要使卡尺端面与被测件上的基准平面贴合，同时测深尺要与该平面垂直。

3.10　焊接检验尺

焊接检验尺（图 3-11）主要由主尺、滑尺、斜形尺等零件组成，用来检测焊件的各种坡口角度、高度、宽度、间隙和咬边深度。焊接检验尺适

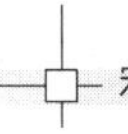

用于锅炉、桥梁、造船、压力容器和油田管道的测检，也适用于测量焊接质量要求较高的零部件。

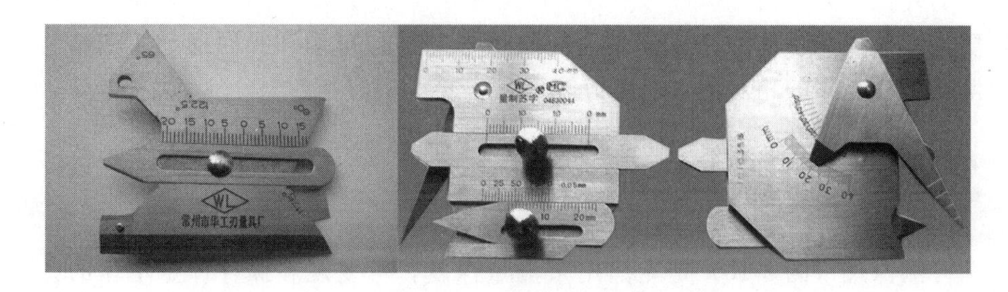

图 3-11　焊接检验尺

3.10.1　技术参数

焊接检验尺有 30 型、40 型和 60 型等三种规格，表 3-1 为 40 型焊接检验尺的测量范围及技术参数。

表 3-1　40 型焊接检验尺

测量项目		范围	示值允差
高度	平面高度/mm	—	±0.2
	角焊缝高度/mm	0～12	±0.2
	角焊缝厚度/mm	0～15	±0.2
宽度/mm		0～40	±0.3
焊缝咬边深度/mm		0～5	±0.1
焊缝坡口角度/(°)		≤150	±3
间隙尺寸/mm		0.5～5	±0.1

3.10.2　焊接检验尺用途

① 测量平面焊缝高度　首先把咬边尺对准零刻度，并紧固螺钉，然后滑动高度尺与焊点接触，高度尺的指示值，即为焊缝高度。

② 测量角焊缝高度　用该尺的工作面靠紧焊件和焊缝，并滑动高度尺与焊件的另一边接触，看高度尺的指示线，指示值即为焊缝高度。

③ 测量角焊缝　在焊趾之间，与母材表面成 45°时的焊点为角焊缝厚度。首先把主体的工作面与焊件靠紧，并滑动高度尺与焊点接触，高度尺所指示值即为焊缝厚度。

④ 测量焊缝宽度　先用主尺测量角靠紧焊缝的一边，然后旋转多用尺的测量角靠紧焊缝的另一边，多用尺上的指示值，即为焊缝宽度。

⑤ 测量焊件坡口角度　根据焊件所需要的坡口角度，用主尺与多用尺配合。看主尺工作面与多用尺工作形成的角度，多用尺指示线所指示值为坡口角度。

⑥ 测量装配间隙　将多用尺插入两焊件之间，多用尺上间隙尺所指值，即为间隙值。

3.10.3　检定校准要求

焊接检验尺检定执行《焊接检验尺检定规程》(JJG 704—2005)。检定项目主要包括焊接检验尺的外观、各部分相互作用、标尺标记的宽度和宽度差、测量面的表面粗糙度、测量面的平面度等。

3.11　螺纹量规

螺纹量规（图3-12）是检验螺纹是否符合规定的量规。螺纹塞规用于检验内螺纹，螺纹环规用于检验外螺纹，常用于气瓶检测。根据使用性能螺纹量规分为工作规、验收规、校对规和基准规4种。工作规是制造和检验工件螺纹所用螺纹量规。验收规是检验部门或用户代表验收工件螺纹时所用的螺纹量规。校对规是制造和检验工作规所用的螺纹量规。对于圆柱螺纹，通常只有校对塞规，用于工作环规的检验。某些圆锥螺纹（如石油专

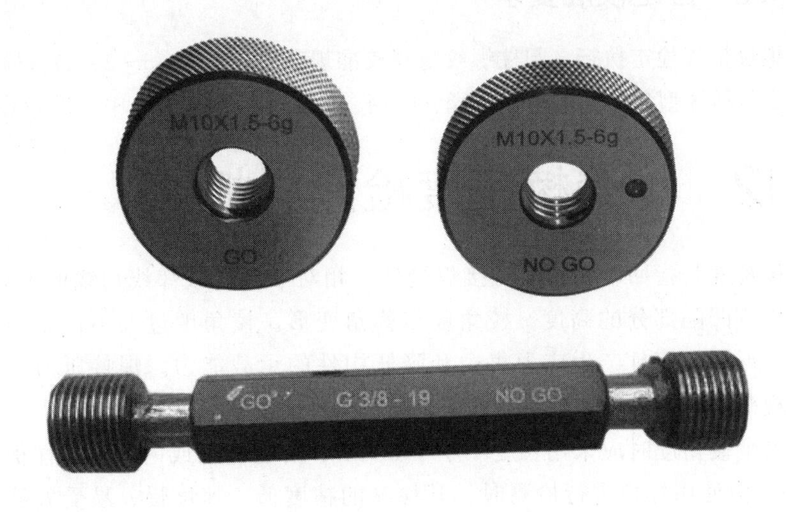

图3-12　螺纹量规

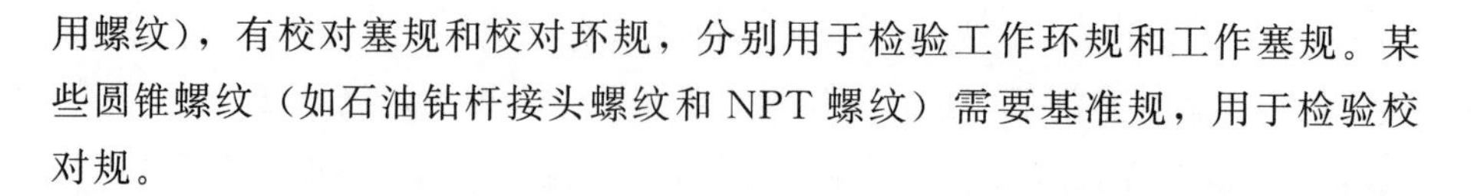

用螺纹)，有校对塞规和校对环规，分别用于检验工作环规和工作塞规。某些圆锥螺纹（如石油钻杆接头螺纹和NPT螺纹）需要基准规，用于检验校对规。

3.11.1 精度

螺纹量规的原理是模拟螺纹装配，含通规和止规。螺纹通规体现螺纹的最大实体尺寸，控制螺纹的作用尺寸，采用完整牙型，量规长度与被测螺纹旋合长度相同，同时检测螺纹的综合要素（含中径、螺距和半角）。螺纹止规体现螺纹的最小实体尺寸，控制螺纹的实际尺寸，采用截短牙型，螺纹圈数也减少，原因是减少螺距和半角误差的影响，检验螺纹的单个要素（单一中径）。螺纹量规只能确定螺纹是否在极限尺寸范围内，不能测出螺纹的实际数值。螺纹量规是检验螺纹的合格性，综合检测螺纹的几何参数，不对螺纹的几何参数进行单独检测。

3.11.2 使用方法

以塞规为例，如果被测螺纹能够与螺纹通规旋合通过，且与螺纹止规不完全旋合通过（螺纹止规只允许与被测螺纹两段旋合，旋合量不得超过两个螺距)，就表明被测螺纹的作用中径没有超过其最大实体牙型的中径，且单一中径没有超出其最小实体牙型的中径，那么就可以保证旋合性和连接强度，则被测螺纹中径合格。否则不合格。

3.11.3 检定校准要求

螺纹量规检定执行《圆柱螺纹量规校准规范》(JJF 1345—2012)。检定项目主要包括牙型角、牙侧角、小径、中径、大径、螺距误差、中距误差等。

3.12 焊缝棱角度检测样板

棱角度是指回转壳体的对接焊缝处，相对于经线或纬线切线的偏离量，即凸出或凹陷部分的高度。棱角度俗称角变形。棱角度过大不仅影响美观和外观形状，而且产生应力集中和降低构件的承载能力。焊接压力容器的制造规范中对棱角度有明确规定。

测量棱角度时应采用长度不小于300mm的检查尺或内（外）样板（图3-13)。但使用样板进行检测时，其检测的精度低、速度慢、易受容器结构及被测圆弧形状限制。

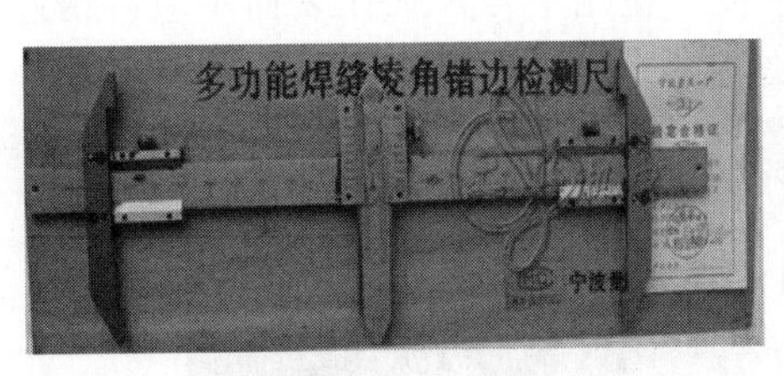

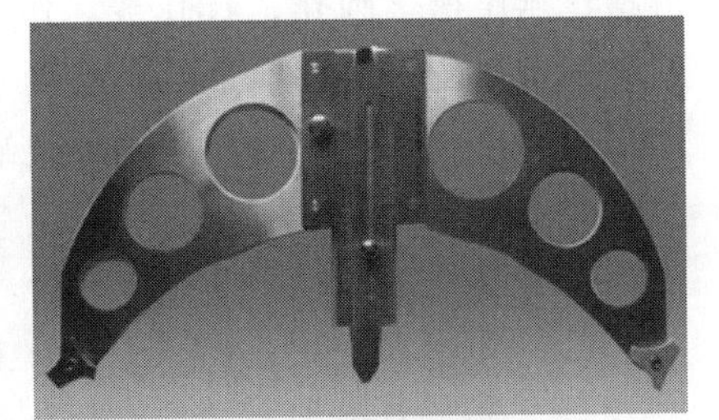

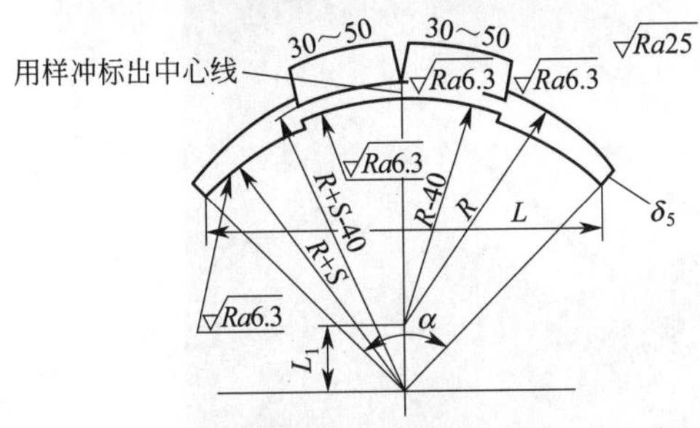

技术要求：

α=20°，且l不得小于200mm。

L_1自定。

代号	名称	材料
J04	锅筒纵向焊缝对接偏差及棱角度测量样板	45

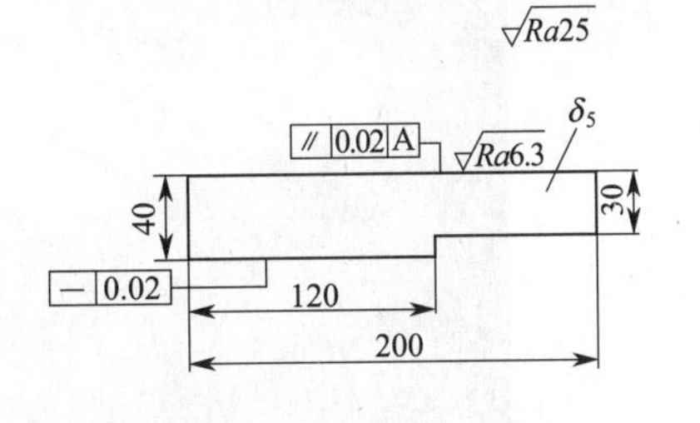

技术要求：

全部圆角$R2$。

代号	名称	材料
J06	环向对接偏差样板	A3

图 3-13　纵向和环向对接偏差样板

（R 为锅炉半径，mm；S 为锅筒壁厚，mm；δ_5 表示样板壁厚为 5mm）

测量筒体纵向焊缝，采用 J04 样板，样板垂直于筒体轴线方向卡在容器内壁或外壁上，利用测深尺，可以较准确地测量筒体棱角度、焊缝余高、错边量、咬边深度等缺陷尺寸。

测量筒体环焊缝，采用 J06 样板，样板平行于筒体轴线方向，利用测深尺，可以较准确地测量筒体棱角度、焊缝余高、错边量、咬边深度等缺陷尺寸。

样板一般采用自校准，主要检查磨损情况。

3.13　检测平台

检测平台（图 3-14）是为生产车间或计量部门进行精密测量用的基准平面，又称为铸铁平板或铸铁平台。其按 GB/T 22095—2008 标准制造，产品制成筋板式和箱体式，工作面有长方形、正方形或圆形，材料为 HT200-300，QT400-600 等，采用刮研工艺，工作面上可加工 V 形槽、T 形槽、U

形槽、燕尾槽、圆孔、长孔等。作为工件、设备检测、划线、装配、焊接、组装、铆焊的平面基准量具，检测平板（检测平台）工作表面不应有锈迹、划痕、碰伤及其它影响使用的外观缺陷。

图 3-14 检测平台

工业用检测平台的材质为铸铁，在回火窑经过 600～700℃高温退火时效处理，有的是经 2～3 年自然时效或者通过激振器振动时效处理。

3.13.1 精度

检测平台的平面度可分为 0、1、2、3 级等四个级别。0 级与 1 级平台不允许有气孔与砂眼，2 级和 3 级可以用与平台同材质的固体填充气孔砂眼。铲刮在铸铁平台加工过程中是最重要的工艺，它决定了铸铁平台的平面度误差大小，以及工作面的可接触点数。0 级板平台在每边为 $25mm^2$ 的范围内不少于 25 点；1 级平台在每边为 $25mm^2$ 的范围内不少于 20 点；2 级平板平台在每边为 $25mm^2$ 的范围内不少于 16 点；3 级平板平台在每边为 $25mm^2$ 的范围内不少于 12 点。普通工业生产常选用 2、3 级。

3.13.2 使用方法

检测平板（检测平台）主要用于各种产品的检验工作，是应用于机械行业精度测量的基准平面，还可作为机床机械检验测量基准。检测平板用于检查零部件的尺寸精度和形位偏差，是机械制造中不可缺少的基本检验工具。

一般先用框式水平仪调平，再用光学合像水平仪或电子合像水平仪进行一次平面度误差测量，如有问题可要求平台生产商来现场铲刮修复。

铸铁平台在调试完成后即可使用，室温控制在 20℃±5℃，在台面上检测工件要轻放轻挪，不要集中使用一个区域，尽量均匀使用整个铸铁平台的有效面积。

3.14　表面粗糙度仪

表面粗糙度表征了机械零件表面的微观几何形状误差。对粗糙度的评定，主要分为定性和定量两种评定方法。定性评定就是将待测表面和已知的表面粗糙度比较样块相互比较，通过目测或者借助于显微镜来判别其等级；定量评定则是通过某些测量方法和相应的仪器，测出被测表面的粗糙度的主要参数，这些参数是 Ra、Rq、Rz、Ry。Ra 是轮廓的算术平均偏差，即在取样长度内被测轮廓偏距优良值之和的算术平均值。Rq 是轮廓的均方根偏差，在取样长度内轮廓偏距的均方根值。Rz 是微观不平度的 10 点高度：在取样长度内 5 个最大的轮廓峰高与 5 个最大的轮廓谷深的平均值之和。Ry 是轮廓的最大高度，在取样长度内轮廓的峰顶线与轮廓谷底线中线的最大距离。

目前常用的表面粗糙度测量方法主要有样板比较法、光切法、干涉法、触针法等。

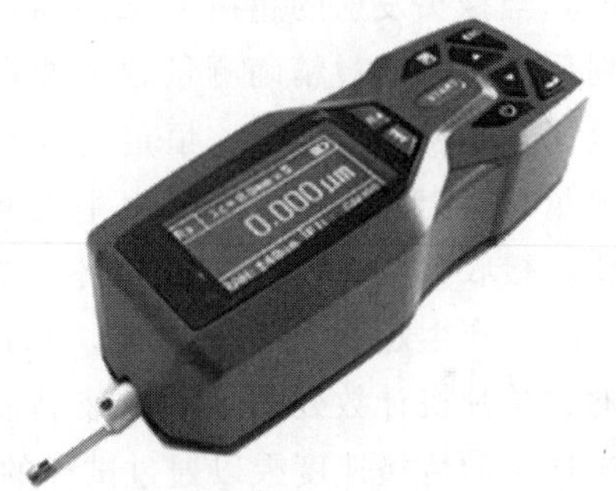

图 3-15　表面粗糙度仪

表面粗糙度仪（图 3-15）又叫表面光洁度仪、表面粗糙度检测仪、粗糙度测量仪等，表面粗糙度仪是评定零件表面质量的台式粗糙度仪。可对多种零件表面的粗糙度进行测量，包括平面、斜面、外圆柱面、内孔表面、深槽表面及轴承滚道等，实现了表面粗糙度的多功能精密测量。触针式表面粗糙度测量仪是最常用、最方便、最可靠的表面粗糙度测量仪，根据传感器的不同原理，触针式粗糙度仪可分为电感式、压电式、光电式、激光式和光栅式等，还可以分为有导头式和无导头式。导头式粗糙度仪仅限用于测量表面粗糙度，而无导头式粗糙度仪除可用于测量表面粗糙度外，还可用于测量表面波纹度和表面几何形状。

3.14.1　精度

精度范围根据不同设备有区别，比如测量范围 Ra 为 0.005～16.00μm，精度 0.001μm。

3.14.2 使用方法

测量时将触针搭在工件上，与被测表面垂直接触，由于被测表面轮廓峰谷起伏，触针在被测表面滑行时，将产生上下移动，此运动再经由传感器、记录器生成粗糙度 Ra 值。

3.14.3 检定校准要求

表面粗糙度仪校准执行《触针式表面粗糙度测量仪校准规范》（JJF 1105—2018）。校准项目主要包括传感器滑行轨迹直线度、残余轮廓、示值误差、示值重复性、示值稳定性等。

3.15 超声波测厚仪

超声波测厚仪（图 3-16）是根据超声波脉冲反射原理来进行厚度测量的，当探头发射的超声波脉冲通过被测物体到达材料分界面时，脉冲被反射回探头，通过精确测量超声波在材料中传播的时间来确定被测材料的厚度。凡能使超声波以一恒定速度在其内部传播的各种材料均可采用此原理测量。超声波测厚仪主要由主机和探头两部分组成。主机电路包括发射电路、接收电路、计数显示电路三部分，由发射电路产生的高压冲击波激励探头，产生超声发射脉冲波，脉冲波经介质界面反射后被接收电路接收，通过单片机计数处理后，经液晶显示器显示厚度数值，它主要根据声波在试样中的传播速度乘以通过试样的时间的一半而得到试样的厚度。

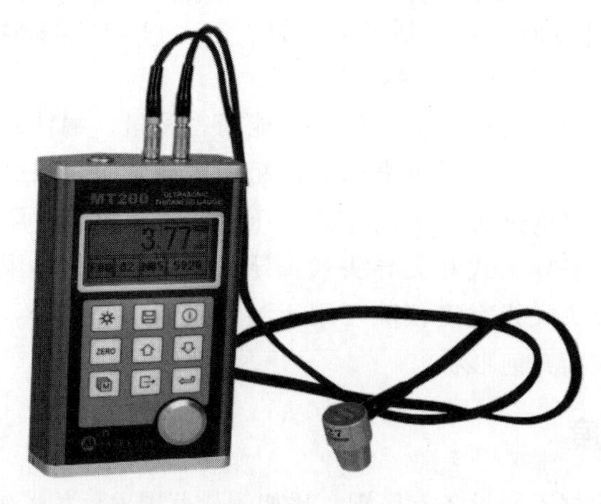

图 3-16 超声波测厚仪

超声波处理方便，并有良好的指向性，超声技术用于测量金属、非金属材料的厚度时，既快又准确，因此广泛用于测量各种板材厚度、管材壁厚、锅炉容器壁厚及其局部腐蚀、锈蚀的情况。超声波测厚仪的应用，对冶金、造船、机械、化工、电力、原子能等各工业部门的产品检验，对设备安全运行及现代化管理起着关键的作用。

在检测条件许可的情况下，宜优先用游标卡尺测量构件厚度，以避免超声检测厚度时产生耦合误差等。

3.15.1 精度

基本测量精度：±(0.01t+0.05mm)，t 为被测物厚度。一般板材厚度范围在1.2～200mm时，精度±(t/100+0.1)mm。管材超声波测厚仪的测量下限一般为 ϕ20×3mm。

3.15.2 使用方法

钢结构构件在测量厚度前应达到表面处理要求，以减小测量误差。打磨宜采用砂纸或钢丝刷或抛光片等；不宜采用手提砂轮打磨，砂轮打磨易损伤钢材本体。

① 一般测量　在一点处用探头进行两次测厚，在两次测量中探头的分割面要互为90°，取较小值为被测工件厚度值；30mm多点测量法，当测量值不稳定时，以一个测定点为中心，在直径约为30mm的圆内进行多次测量，取最小值为被测工件厚度值。

② 精确测量法　在规定的测量点周围增加测量数目，厚度变化用等厚线表示。

③ 连续测量法　用单点测量法沿指定路线连续测量，间隔不大于5mm。

④ 网格测量法　在指定区域画上网格，按点测厚并记录。此方法在高压设备、不锈钢衬里腐蚀监测中广泛使用。

使用温度范围一般为−20～40℃。

测量小直径管子壁厚，应注意测量探头中心线与管子中心线垂直相交，探头分割面垂直于管子长度方向轴线。厚度检测时测点布置要求：对于钢网架、桁架杆件，为尽量避免小直径管壁厚度检测时的误差，宜增加测点。

3.15.3 检定校准要求

超声波测厚仪校准执行《超声波测厚仪校准规范》（JJF 1126—2004）。

校准项目主要包括重复性、示值误差、曲面壁厚测量的示值误差、厚度校准的微调范围、变换声速的厚度示值误差、示值稳定性等。

3.16 便携式里氏硬度计

便携式里氏硬度计（图 3-17）是一种先进的手持式硬度测试仪器，它通过回跳法来测定金属硬度，由于测量获得的信号是电压值，电脑处理十分方便，测量后可立即读出测量值，并能即时换算为布氏、洛氏、维氏等硬度值，性能稳定。其原理如下：具有一定质量的冲击体在一定的试验力作用下冲击试样表面，测量冲击体距试样表面 1mm 处的冲击速度与回跳速度，利用电磁原理，感应与速度成正比的电压。里氏硬度值以冲击体回跳速度与冲击速度之比来表示。计算公式：

图 3-17　便携式里氏硬度计

$$HL=1000\frac{V_R}{V_A}$$

式中，HL 为里氏硬度值；V_R 为冲击体回跳速度；V_A 为冲击体冲击速度。

便携式里氏硬度计可应用于金属结构、压力容器、汽轮发电机组等设备的检测分析。

3.16.1 测量范围

例如某仪器的测试范围为：170～960HLD、20～68HRC、19～651HB、80～967HV、30～100HS、59～85HRA、13～100HRB。

3.16.2 使用方法

① 将冲击装置插头接入主机插口，打开主机开关，接通电源，检查电源电压是否符合要求。使用标准试块对仪器进行校准，校准合格后测试。

② 向下推动加载套，使冲击体被锁住；将冲击装置的支撑环定位压紧在被测表面，按动冲击装置释放钮，进行测量，此时要求试样、冲击装置、操作者均稳定，并且作用力方向应通过冲击装置轴线；试样的每个测量部位一般进行五次试验，数据分散不应超过平均值的±15HL。

比如某型号仪器要求使用温度 0～40℃；测量工件的曲率半径 R_{min} = 50mm（用异型支撑环 R_{min} = 10mm）；测量工件的最小重量稳定支撑 2kg（0.1kg 需耦合）；测量工件最小厚度 3mm；试件表面粗糙度 $Ra \leqslant 2\mu m$。

构件测试部位的打磨处理，可用钢锉打磨构件表面，除去表面锈斑、油漆，然后应分别用粗、细砂纸打磨构件表面，直至露出金属光泽。打磨区域不应小于 30mm×60mm。

3.16.3　检定校准要求

仪器检定执行《里氏硬度计检定规程》（JJG 747—1999），检定项目主要包括外观、冲击体、硬度值一致性、示值误差等。

3.17　涂层测厚仪

涂层测厚仪（图 3-18）可无损地测量磁性金属基体（如钢、铁、合金和硬磁性钢等）上非磁性涂层（如铝、铬、铜、珐琅、橡胶、油漆等）的厚度及非磁性金属基体（如铜、铝、锌、锡等）上非导电覆层（如珐琅、橡胶、油漆、塑料等）的厚度。

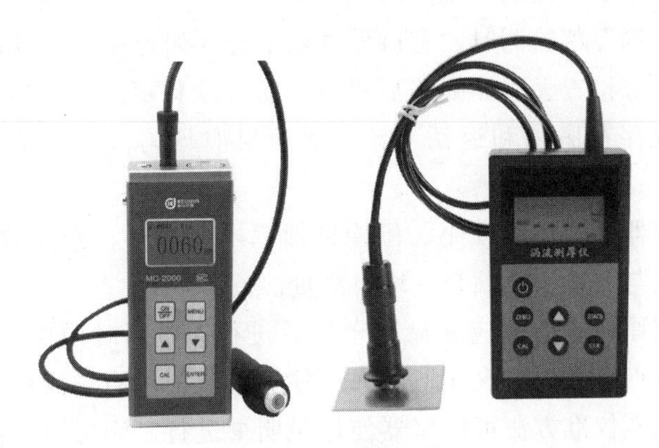

图 3-18　涂层测厚仪

涂层测厚仪具有测量误差小、可靠性高、稳定性好、操作简便等特点，是控制和保证产品质量必不可少的检测仪器，因此广泛地应用在制造业、金属加工业、化工业、商检等检测领域。

3.17.1　测量范围与精度

不同测量原理和测量厚度范围的仪器，测量误差不同。比如某型号涂层测厚仪的示值误差±(3%H)，H 表示被测涂层厚度。最小分辨率不大于

2μm，示值相对误差不大于 3%。

3.17.2 涂层测厚原理方法

涂层测厚原理有磁性测厚法、涡流测厚法、超声波测厚法、电解测厚法、放射测厚法。本节主要介绍的涂层测厚仪采用电磁感应法测量涂层的厚度。原理如下：位于部件表面的探头产生一个闭合的磁回路，随着探头与铁磁性材料间的距离的改变，该磁回路将发生不同程度的改变，引起磁阻及探头线圈电感的变化。利用这一原理可以精确地测量探头与铁磁性材料间的距离，即涂层厚度。使用前先进行校准，然后选择相应的测量模式进行测量。

检测防腐涂层厚度的仪器较多，根据测试原理，可分为磁性测厚仪、超声测厚仪、涡流测厚仪等。对检测所用何种仪器不做规定，仪器的量程、分辨率及误差符合要求即可用于检测。目前的涂层测厚仪最大量程一般在 1000～1500μm 左右，最小分辨率 1～2μm，示值相对误差小于 1%，可以满足一般检测需要。对其它材料的防腐涂层，可采用涂层测厚仪检测，如涂层厚度较厚，可局部取样直接测量厚度。

环境条件主要为检测现场的温、湿度。

使用涂层测厚仪检测时，宜避免电磁干扰（如焊接等）。防腐涂层厚度检测，应经外观检查无明显缺陷后进行。防火涂料不应有误涂、漏涂现象，涂层表面不应存在脱皮和返锈等缺陷，涂层应均匀，无明显皱皮、流坠、针眼和气泡等。

大部分仪器探头面积较小，但构件曲率半径过小，会导致一些型号的仪器探头无法与测点有效贴合，增大测量误差。

防腐涂层厚度的检测应在涂层干燥后进行。检测时构件表面不应有结露。清除测试点表面的防火涂层时，应注意避免损伤防腐涂层。一点校准、二点校准或基本校准方法可按仪器使用说明书进行。涂层测厚仪可用于铜、铝、锌、锡等材料防腐涂层厚度的检测，为减小测试误差，校准时垫片材质应与基体金属基本相同。校准时所选用的标准片厚度应与待测涂层厚度接近。测试时，仪器探头与涂层接触力度应适中，避免用力过大导致测点涂层变薄。试件边缘、阴角、水平圆管下表面等部位的涂层一般较厚，检测数据不具代表性。

一般每个构件检测 5 处，每处以 3 个相距不小于 50mm 测点的平均值作为该处涂层厚度的代表值。以构件上所有测点的平均值作为该构件涂层厚度的代表值。测点部位的涂层应与钢材附着良好。

3. 17. 3　仪器检定校准要求

涂层测厚仪检定执行《磁性、电涡流式覆层厚度测量仪检定规程》(JJG 818—2018)。检定项目主要包括外观、各部分的相互作用、测量力及其变动性、示值重复性、示值误差、示值稳定性等。

3.18　照明光源

照明光源（图 3-19）的种类有自然光源如日光和人工光源。

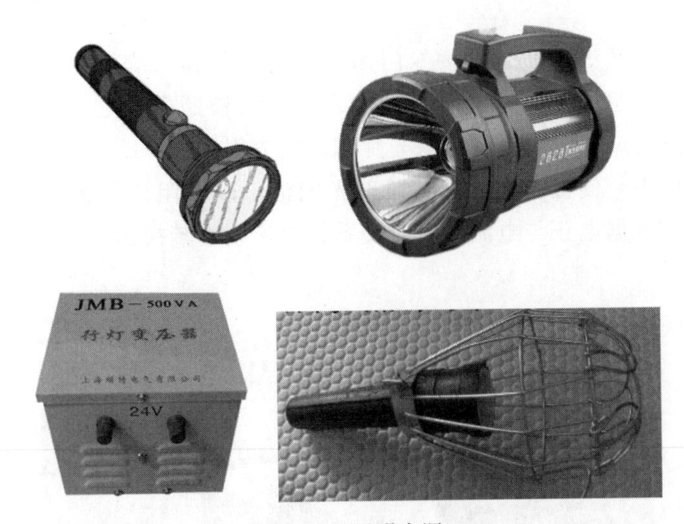

图 3-19　照明光源

人工光源主要有温度辐射光源如钨丝白炽灯、卤钨灯，气体放电光源如钠灯、汞灯，固体放光光源如半导体灯，激光光源如激光灯。

3. 18. 1　光源的选择

在进行光源的选择时要考虑以下几个方面。

① 光谱能量分布特性　不同的光源其光谱能量的分布是不同的，在选择光源时必须考虑检测的要求，采用类似日光的光源或黄绿色是合适的，如为了使彩色还原良好应采用光色丰富的日光、强光白炽灯。

② 灯泡的寿命　综合考虑各种条件，以选择寿命长一些的为宜。

③ 根据检测对象选择合适的光源　在检测大面积区域时应选择照射面积大的白炽灯；检测试件某部位时，检查细小缺陷，应选用聚光作用好的灯；进入容器内部执行检查应选用强光光源。

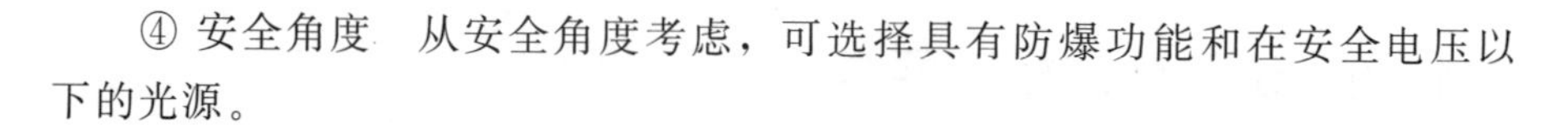

④ 安全角度　从安全角度考虑，可选择具有防爆功能和在安全电压以下的光源。

3.18.2　手电筒

手电筒经常作为一种专用检验工具。使用手电筒进行目视检测时，将手电筒贴着容器斜平行照射，使得容器表面的坑槽、鼓包、裂纹和变形更清楚地显示出来，这是灯光散射所不能达到的效果。

3.19　照度计

照度计（图 3-20）是一种专门测量照度的仪器仪表，用于测量物体被照明的程度，也即物体表面所得到的光通量与被照面积之比。照度计通常是由硒光电池或硅光电池配合滤光片和微安表组成。

工作原理：使被测光线垂直照射光电池，改变阻值可得不同照度下的光电流值，根据电压与电流的对应关系将电流刻度转换为照度刻度。

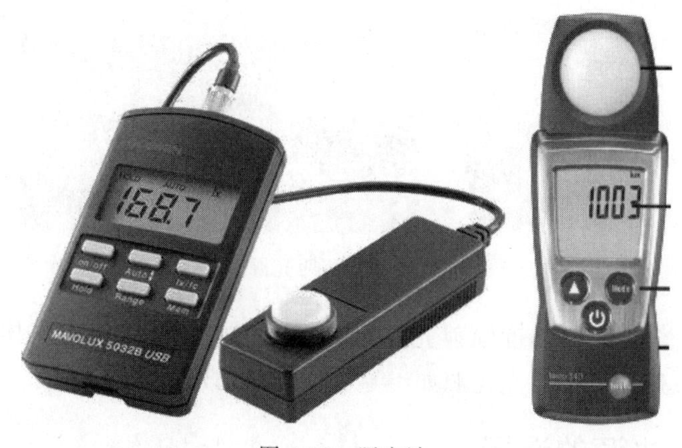

图 3-20　照度计

3.19.1　测量范围与精度

如某型号照度计测量范围：20lx，200lx，2000lx，20000lx，其精度为±(3%示值+10)。

3.19.2　使用方法

选择合适挡位后进行测量，待数据稳定后读取观测值。

某型号照度计操作环境为 0～50℃，相对湿度（RH）<70%。精确度测

试环境为 23℃±5℃，相对湿度（RH）＜75％。

为确保测量读数的准确性，仪器水平放置，以便传感器朝上，照度传感器应保持清洁。

3.19.3　检定校准要求

照度计检定执行《光照度计检定规程》（JJG 245—2018），检定项目主要包括外观、相对示值误差、余弦特性误差、非线性误差、换挡误差等。

3.20　放大镜

放大镜（图 3-21）是用来观察物体微小细节的简单目视光学器件，是焦距比眼的明视距离小得多的会聚透镜。

传统的放大镜镜片是玻璃。放大镜前一个数字表示放大倍率，比如 8X 表示放大镜的放大倍率是 8 倍。目视检查使用的放大镜的放大倍数一般为 5～10 倍。

放大镜分为两部分：透镜、镜柄。透镜是一整块的透明或半透明物体，其折射面是两个球面，或是一个球面和一个平面，摸上去非常平滑，不会凹凸不平。通常周围有物料围绕着。特点是中间厚边缘薄。

图 3-21　放大镜

如果把物体放在放大镜的二倍焦距以外，则可以看到倒立的缩小的实像；如果把物体放在放大镜的一倍焦距到二倍焦距之间，则可以看到成倒立的放大的实像；如果把物体放在放大镜的一部焦距以内，则可以看到正立的放大的虚像。实像与物体分别处于放大镜的两侧，虚像与物体位于放大镜的同侧。一倍焦距是实像与虚像的分界线，二倍焦距是成像大与小的分界线。

让放大镜靠近观察的物体，观察对象不动，人眼和观察对象之间的距离不变，然后移动手持放大镜在物体和人眼之间来回移动，直至图像大而清楚。

使用中一般不用检定或校准。

3.21　检测手锤

检测手锤质量一般约为 0.5kg，锤头长一般为 120mm，要求尖头手锤的木质手柄长度约500mm，如图3-22所示。

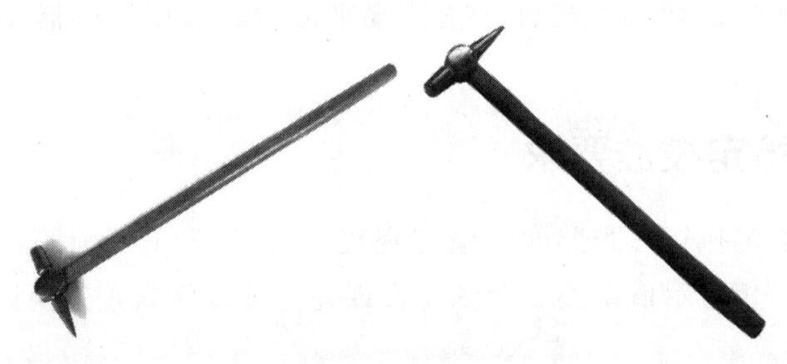

图3-22　检测手锤

利用检测手锤检查，主要是检查连接件是否有松动，就是敲螺钉/螺栓，听声音看它松没松。再就是检查钢结构有没有失效，比如钢板有裂纹，一敲听声音就知道。除了声音不同，敲击裂纹部位回弹手感与正常情况也不一样。

利用手锤轻轻敲击钢结构或其部件的金属表面，根据所发出的音响和手感小锤弹跳的程度，依靠检验人员的实践经验，来判断是否存在缺陷。一般来说，锤击时发出清脆的声音，而且小锤弹跳情况良好，表示被敲击的部位没有重大缺陷。如果锤击时发出闷浊的声音，则可能是被敲击的部位或其附近存在重皮、折叠、夹层或裂纹等缺陷。晶间腐蚀比较严重的金属器壁，锤击时声音特别闷浊，并且小锤弹跳情况较差。在检查铆钉或螺栓等紧固件时，可将食指压在其一侧头部，再用小锤斜敲另一侧的头部，如果有振动感，则说明铆钉或螺栓有可能松动甚至断裂。检查时还可利用小锤的尖头刨挖金属壁上被腐蚀的深坑，以便测量腐蚀的深度。

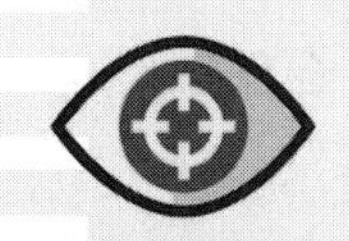

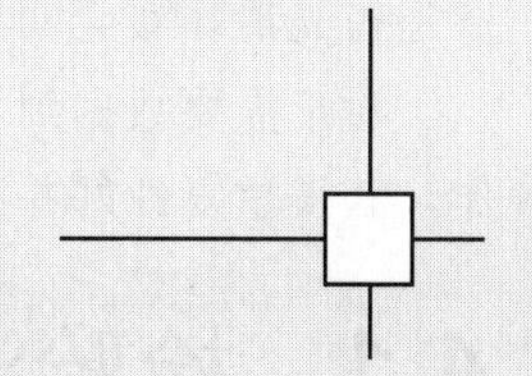

第 4 章
宏观目视检测的工艺方法

检测是检查测试、检验测定的意思，即通过观察和判断，适当时结合测量、试验或估量所进行的符合性评价。用指定的方法检验测试某种物体的特定的技术性能指标。掌握正确的检测操作方法，对于准确测量评价产品或设备质量和安全状况至关重要。

目视检测通常采用肉眼检查，也可辅以手电筒、5～10 倍放大镜、反光镜、内窥镜。肉眼能够迅速扫视大面积范围，并且能够察觉细微的颜色和结构的变化。

在结构内部进行检查时，最好采用手电筒贴着容器表面斜平行照射，此时容器表面的微浅坑槽也能清楚地显示出来，鼓包和变形的凹凸不平现象能够看得更加清楚，即使是表面裂纹也能显现出黑色的线痕。如果使用电灯照明，电灯的散光将影响观察。

当被检查的部位比较狭窄，无法直接观察时，可以利用反光镜或内窥镜伸入容器内进行检查。当怀疑结构表面有裂纹时，可将被检部位打磨干净，然后用浓度为 10％的硝酸酒精溶液将其浸润，擦净后用 5～10 倍放大镜进行观察。对于具有手孔或有较大接管而人又无法进到内部用肉眼检查的小型设备，可将手从手孔或接管口中伸入，触摸容器的内表面，检查内壁是否光滑，有无凹坑、鼓包。

对于需要数据判定的缺陷，应该正确选择测量工具，按照规定程序操作，获得重复性好并准确的测量数据。

4.1 检验测量的一般步骤

目视检测时，会在金属结构表面发现各种形态的缺陷，检验人员应根据设备制造、使用等方面的情况，予以综合判断，并分别给予适当的处置。

当设备表面的防腐层、保温层、耐火隔热层、衬里或夹套等妨碍检查时，如果需要，应部分或者全部拆除后再进行目视检测。

不同的加工方法，可能产生不同的缺陷。有的缺陷是制造壳体的钢板在轧制时造成的，轧制钢板的表面已经产生缺陷。加热成形的壳体表面，加热时形成的氧化皮有时在成形前由于工艺过程无法清除，成形过程中脱落下来，经轧制后在钢板表面上造成许多凹陷压伤。这种压痕的深度通常不会超过 3mm，并且一般不会形成尖锐的底部，因此，它们主要是造成容器局部壁厚的减薄。会造成应力集中的底部尖锐的伤痕，通常是指划痕和金属的撕裂口这一类缺陷。例如，压力容器壳体组焊时点焊的拉筋板应采用切割、打磨的方法去除，如果采用大锤打掉的错误方法，往往会造成局部壳体被拉伤的缺陷，应仔细检查这类缺陷，并将它们修磨圆滑。对标准抗拉强度＞540MPa 的材料及 Cr-Mo 低合金钢材料修整后还应对表面进行磁粉或渗透探伤检查。

焊接结构表面的弧坑和电弧擦伤产生的焊疤处，由于电弧以极高的速度加热和冷却，产生局部热应力和显微组织变化，使材料的淬硬倾向加剧，甚而产生缺口或微裂纹。上述影响对于强度较高的材料更为明显，对于奥氏体不锈钢，还会明显影响材料的耐蚀性能。对这类缺陷通常采用打磨的方法处理。

压力容器壳体表面，特别是接触介质一侧表面的腐蚀情况，或者在特定条件下产生的表面过热等痕迹，也是目视检测中必须重视的。对所检出缺陷的判定是否正确，将直接影响检测结果的可靠性和处置方法的正确性。

宏观目视检测多种多样，检验测量时保证检验质量的步骤一般有以下几步。

（1）确定被检测项目

认真审阅被测件图纸及有关的技术资料，分析委托要求。要熟悉检验标准和技术文件规定的质量特性和具体内容，确定测量的项目和量值。

（2）设计检测方案

根据技术标准明确检验项目和各个项目质量要求；设计一个能满足检测精度要求，且具有低成本、高效率的检测预案。确定测量、试验的条件，确定检验实物的数量，对批量产品还需要确定批的抽样方案。将确定的检验方法和方案用技术文件形式做出书面规定，制定规范化的检验规程（细则）、检验指导书，或绘成图表形式的检验流程卡、工序检验卡等。

（3）选择辅助工具或检测器具

选择精密度、准确度适合检验要求的计量器具和测试、试验及理化分析用的仪器设备。选择或设计、制作专用的检测器具和辅助工具，并进行误差分析。

（4）检测前准备

清理检测环境，对检测器具进行调整使之处于正常的工作状态。必要时要对检验人员进行相关知识和技能的培训和考核，确认能否适应检验工作的需要。

（5）采集数据

按照设计预案采集测量数据并规范地做好原始记录。按已确定的检验方法和方案，对产品质量特性进行定量或定性的观察、测量、试验，得到需要的量值和结果。测量和试验前后，检验人员要确认检验仪器设备和被检物品试样状态正常，保证测量和试验数据的正确、有效。

（6）数据处理

把测试得到的数据同标准和规定的质量要求相比较，对检测数据进行计算和处理，获得检测结果。

（7）填报检测结果

填写检测报告单及原始记录，并根据技术要求做出合格性的判定。

4.2　几何尺寸的测量方法原理概述

尺寸是用特定长度或角度单位表示的数值。长度包括直径、半径、宽度、深度、高度和中心距等。尺寸由数值和特定单位两部分组成，例如30mm。任何一个物体都是由若干个实际表面所形成的几何实体，几何量是表征物体的大小、长短、形状和位置等几何特征的量。几何量计量是对各种物体的几何尺寸和几何形状的测量，以及为使几何量量值的准确和统一而必须进行的计量工作。

在机械制造中，加工后的零件，其几何参数（尺寸、形位公差及表面粗糙度等）需要测量，以确定它们是否符合技术要求和实现其互换性。测量是指为确定被测量的量值而进行的实验过程，其实质是将被测几何量 L 与复现计量单位 E 的标准量进行比较，从而确定比值 q 的过程。几何尺寸的测量包括内外尺寸、交点尺寸测量等。按形位公差的国家标准，形状公差包括直线度、平直度、圆度、圆柱度、线轮廓度、面轮廓度 6 个项目。位置公差包含平行度、垂直度、倾斜度、同轴度、对称度、位置度、圆跳动和全跳动 8 个项目。

4.2.1 测量过程

一个完整的测量过程包含测量四要素即被测对象、计量单位、测量方法、测量精度。

① 被测对象　主要是有关几何精度方面的参数量，包括长度、角度、表面粗糙度、形状和位置公差以及螺纹、齿轮等的几何参数。长度量和角度量在各种机械零件上的表现形式是多种多样的，表达被测对象性能的特征参数也可能是相当复杂的。

② 计量单位　我国计量国际单位制是米制。机械工程中常用单位：长度单位有 m、mm、μm、nm 等，角度单位有（°）、（′）、（″）、rad、μrad。机械制造中常用的长度单位为 mm。

③ 测量方法　测量方法是指测量时所采用的测量原理、计量器具和测量条件的综合。广义地说，测量方法可以理解为测量原理、测量器具（计量器具）和测量条件（环境和操作者）的总和。根据被测参数的特点，如公差值、大小、材质、数量等，分析研究该参数与其它参数的关系，选用合适的方法对该参数进行测量。

④ 测量精度　测量精度指测得值与被测量真值相一致的程度。任何测量都不可能没有误差，通常以测量的极限误差或测量的不确定度来表示测量精度。任何测量结果都是以一近似值来表示的。

4.2.2 测量方法分类

基本的测量方法有：直接测量和间接测量（大油罐）；绝对测量和相对测量（量块）；单项测量和综合测量（压力容器）；接触测量和非接触测量（棉线）；主动测量（也叫在线测量）和被动测量；工序测量（现场、机床自测）和终结测量。

① 直接测量　从测量器具的读数装置上直接得到被测量的数值或对标准值的偏差。例如，用游标卡尺、外径千分尺测量外圆直径，用比较仪测

量长度尺寸等。

② 间接测量　指被测量的量值是由几个实测的量值按一定的函数关系式运算后获得的。比如测量两孔之间的中心距。

③ 绝对测量　从测量器具上直接得到被测参数的整个量值的测量。例如用游标卡尺测量零件轴直径值。

④ 相对测量　又称比较测量，计量器具的示值只是被测量与标准量的偏差，被测量值等于已知标准值与偏差值代数和。例如，比较仪用量块调零后，测量轴的直径，比较仪的示值就是量块与轴径的量值之差。测量方法示例见图 4-1。

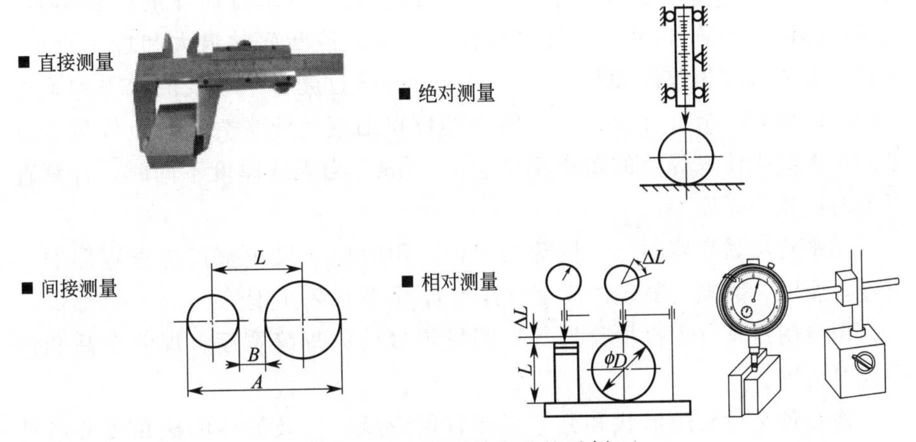

图 4-1　不同测量方法的示例

⑤ 单项测量　分别测量零件的各个参数。例如分别测量齿轮的齿厚、齿形、齿距等。这种方法一般用于工序间的测量，或为了工艺分析、调整机床等目的。

⑥ 综合测量　测出的量值是几个项目的综合反映。例如，齿轮运动误差的综合测量、用螺纹量规检验螺纹的作用中径等。综合测量一般用于总结检验，其测量效率高，能有效保证互换性，在大批量生产中应用广泛。

⑦ 接触测量　是指测量器具的测头与零件被测表面接触后有机械作用力的测量。如用外径千分尺、游标卡尺测量零件等。为了保证接触的可靠性，测量力是必要的，但它可能使测量器具及被测件发生变形而产生测量误差，还可能造成零件被测表面质量的损坏。

⑧ 非接触测量　量具或量仪的感受元件无需和被测表面接触，即可获得测量信息的测量方法。

⑨ 主动测量　在加工过程中进行的测量。其测量结果直接用来控制零件的加工过程，决定是否继续加工或判断工艺过程是否正常、是否需要进行调整，故能及时防止废品的发生，所以又称为积极测量，有时也称为在线测量。

⑩ 被动测量　加工完成后进行的测量。其仅用于发现并剔除废品，所以被动测量又称消极测量。

采用常规量具（直尺、卷尺、塞尺、游标卡尺等）测量设备、零件各部分的尺寸以及缺陷的大小、面积、深度和位置等。包括用拉线或量具检查容器的结构尺寸，例如，用钢卷尺围出筒体的周长，用计算圆周长的公式和筒体的实际壁厚值算出筒体的平均内直径，以求得筒体的内径偏差。测量筒体同一断面不同方位处的直径，以求得该断面的最大和最小直径，计算二者之差即为该断面筒体的不圆度。在通过壳体中心线的水平和垂直面即沿圆周 0°、90°、180°、270°四个部位拉细钢丝测量壳体的直线度。测量的位置离壳体纵焊缝的距离不少于 100mm，当壳体厚度不同时，计算直线度时应减去厚度差。

用平直尺紧靠容器、管板等的表面，用游标卡尺或塞尺检查容器的平直度，腐蚀、磨损、鼓包的深度（高度），管板的不平度等。

用专用量具（焊接检验尺等）测量焊接后的焊缝宽度、焊缝余高和角焊缝厚度等。

检查各类封头的形状和其它成形件的形状，以及筒体的棱角度和各种变形。方法是用预先按容器和受压元件的某部分做成的样板紧靠其表面，检查它们的形状、尺寸是否符合设计要求（例如角焊缝的焊脚高度、封头的曲率尺寸、筒体的棱角度等），或测量变形、腐蚀的程度。对于已经产生，确定不进行修理的鼓包，可以用一个与其形状相同的样板定期检查鼓包是否发生变化发展。

4.3 测量误差

4.3.1 测量误差的分类

（1）系统误差

指在相同的条件下，多次测取同一量值时，绝对值和符号均保持不变，或者绝对值和符号按某一规律变化的测量误差。前者称为定值系统误差，后者称为变值系统误差。定值系统误差：对测量引起的误差大小是不变的，如比较仪上量块的误差。变值系统误差：对测量的影响是按一定的规律变化的，如量仪分度盘与指针回转轴偏心产生的示值误差。

（2）随机误差

在相同的测量条件下，多次测取同一量值时，其绝对值大小和符号均以不可预知的方式变化的误差。

产生原因：主要是由测量过程中的一些偶然性因素或不稳定因素引起的，如计量器具变形、测量力不稳定、温度波动等随机因素。

特点：单次测量，无法预知绝对值大小和符号，多次重复测量，符合一定的概率统计规律。

（3）粗大误差

超出一定测量条件预计下的测量误差，对测量结果产生明显歪曲，为异常值。

产生原因：主观原因如人员疏忽的读数误差；客观原因如外界突然震动。

4.3.2　测量误差的来源

（1）计量器具的误差

计量器具本身的误差，设计、制造和使用过程中的误差，总和反映在示值误差和测量重复性上。计量器具零件的制造和装配误差也会产生测量误差。例如游标卡尺的刻线距离之间不准确，指示表的分度盘与指针回转轴的安装有偏心，相对测量中量块的制造误差。

（2）测量方法误差

该误差是由测量方法不完善引起的。包括工件安装、定位不准确、计算公式不准确、测量方法选择不当等。例如测量大型工件的直径，可用直接测量法，也可以用弦高法，测量误差不同。再如接触测量时，由于测头测量力的存在，被测零件和测量装置发生变形。

（3）测量环境误差

测量时环境条件（温度、湿度、气压、照明、电磁场等）不符合标准的测量条件。例如，温度的影响，设规定的测量温度20℃，产生的测量误差可用下式计算。

$$\Delta L = L[\alpha_1(t_1-20)-\alpha_2(t_2-20)]$$

式中，L 为被测对象长度，mm；α_1 为计量器具的线胀系数；α_2 为被测对象的线胀系数；t_1 为计量器具的温度；t_2 为被测对象的温度。

（4）主观误差

由测量人员主观因素造成的人为差错，如刻度对中不准、读数或估读错误。

4.4 几何尺寸测量

进行几何尺寸测量时，应根据被测工件的尺寸大小、测量精度要求，正确选择测量工具。测量时应考虑刻度尺零刻度在什么地方、刻度尺的量程是多少、刻度尺的最小刻度值是多少等，测量的准确程度是由最小刻度决定的。大部分的刻度尺的零刻度线不在边缘，应防止用零刻度线已磨损的刻度尺测量物体的长度时出现误差。

4.4.1 用直尺测量零件长度

若刻度尺本身有一定的厚度且不透明，我们放置刻度尺的刻度应紧贴被测物体；刻度尺要沿着所测长度，不要歪斜。读数时视线要与尺面垂直，如图 4-2，四个分图中，图(b) 是正确的。在精确测量时，要读到最小刻度值下一位进行估读。测量值等于准确值加上估计值。测量结果应包括数字和单位两部分，没单位的实验记录是不符合标准要求的。

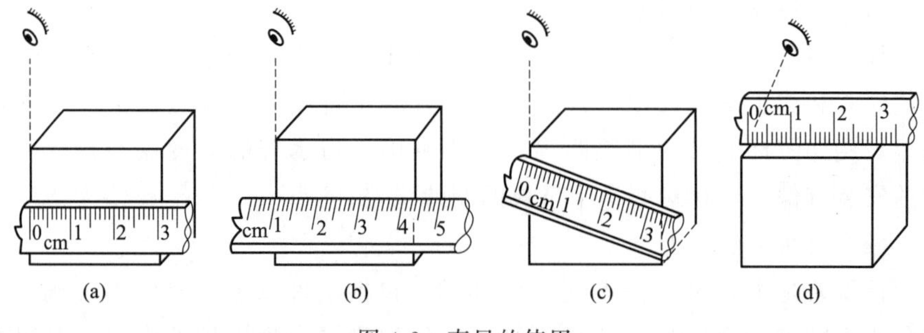

图 4-2 直尺的使用

测量误差主要是由实验方法不正确、仪器使用不正确、读数不正确等原因引起的。减少误差的方法是提高测量工具准确程度和测量人的估读精度。提高估读精度，可以采用多次测量取其平均值的方法。

4.4.2 测量零件的内径

用内径千分尺测量内径时，内径千分尺上没有测力装置，测量压力的大小完全靠手中的感觉。测量时，把它调整到所测量的尺寸后（图 4-3），轻轻放入孔内试测其接触的松紧程度是否合适。一端不动，另一端做左、右、前、后摆动。左右摆动，必须细心地放在被测孔的直径方向，以点接触，即测量孔径的最大尺寸处（最大读数处）。前后摆动应在测量孔径的最小尺寸处（即最小读数处）。按照这两个要求与孔壁轻轻接触，才能读出直径的正确数值。测量时，用力把内径千分尺压过孔径是错误的。这样做不但使测量面过早磨损，且细长的测量杆弯曲变形后，既损伤量具精度，又使测量结果不准确。

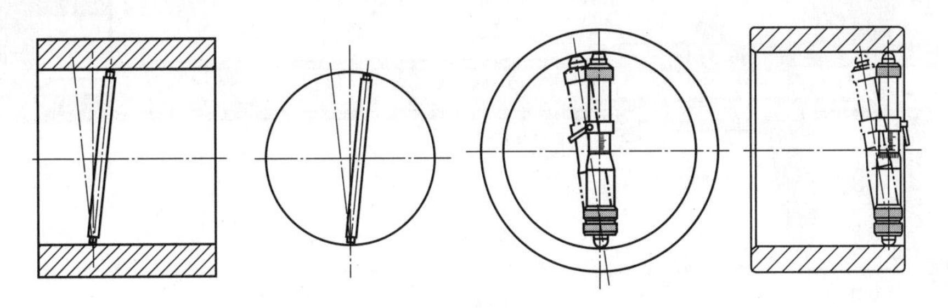

图 4-3　内径千分尺的正确使用

4.4.3　用游标卡尺测量零件的内外径和深度

当测量零件的外尺寸时，卡尺两测量面的连线应垂直于被测量表面，不能歪斜。当测量零件的内尺寸时，如图 4-4 所示，要使量爪分开的距离小于所测内尺寸，进入零件内孔后，再慢慢张开并轻轻接触零件内表面，用固定螺钉固定尺框后，轻轻取出卡尺来读数。取出量爪时，用力要均匀，并使卡尺沿着孔的中心线方向滑出，不可歪斜，免使量爪扭伤、变形和受到不必要的磨损，同时避免使尺框走动，影响测量精度。卡尺两测量爪应在孔的直径上，不能偏歪。

用游标卡尺测量零件时，不允许过分地施加压力，所用压力应使两个量爪刚好接触零件表面。如果测量压力过大，不但会使量爪弯曲或磨损，且量爪在压力作用下产生弹性变形，使测量得的尺寸不准确（外尺寸小于实际尺寸，内尺寸大于实际尺寸）。

在游标卡尺上读数时，应把卡尺水平拿着，朝着亮光的方向，使人的视线尽可能和卡尺的刻线表面垂直，以免由于视线的歪斜造成读数误差。

4.4.4　用游标卡尺测量两孔的中心距

用游标卡尺测量两孔的中心距有两种方法。一种是先用游标卡尺分别量出两孔的内径 D_1 和 D_2，再量出两孔内表面之间的最大距离 A，如图 4-5 所示，则两孔的中心距由下式计算。

$$L=A-\frac{1}{2}(D_1+D_2)$$

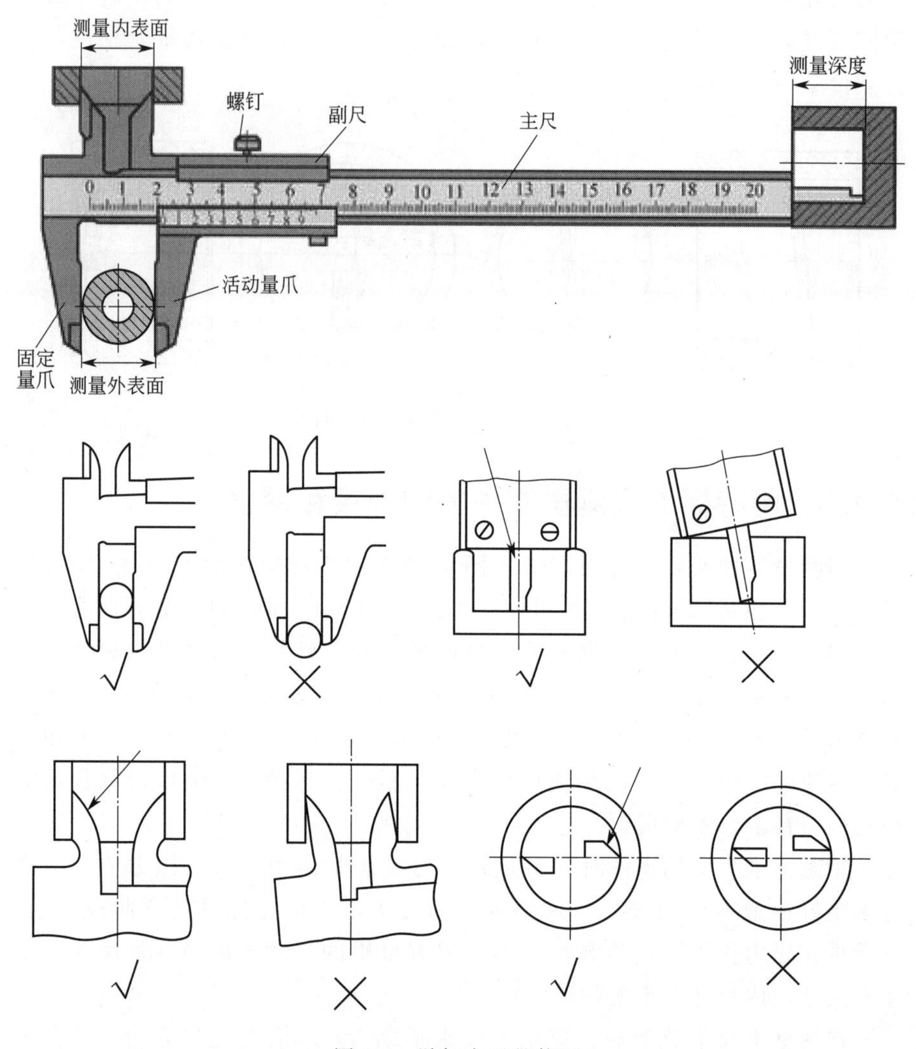

图 4-4　游标卡尺的使用

另一种测量方法，也是先分别量出两孔的内径 D_1 和 D_2，然后用刀口形量爪量出两孔内表面之间的最小距离 B，则两孔的中心距的计算公式如下。

$$L=B+\frac{1}{2}(D_1+D_2)$$

测量管孔中心距偏差。按相邻两孔中心距（t）和排孔边缘二孔中心距（L），以两侧对应边缘的距离平均值计，$t=\frac{1}{2}(t_1+t_2)$ 及 $L=\frac{1}{2}(L_1+L_2)$，环向测量弦长，折算成弧长，当筒体实测外径与设计外径相差大于 4mm 时，

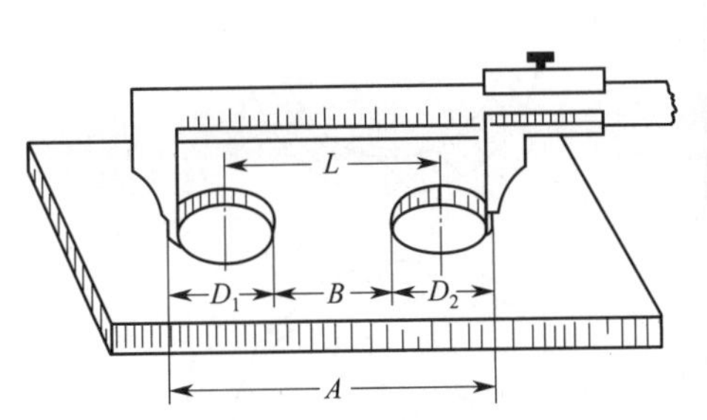

图4-5　孔距测量

名义弧长按实测计算，每节测量取平均值，相邻两孔用游标尺测量，排孔两端用卷尺测量。

4.4.5　用钢卷尺测量筒体直径

测量压力容器筒体直径（图4-6）时，可以使用钢卷尺测量出筒体外圆周长，利用周长除以π（约3.1416）得到外直径尺寸。测量内径偏差时，用卷尺在筒体边缘围出周长，按π=3.1416和实测壁厚计算筒体的内径，在筒体两端分别测量，以实测内径与计算内径的最大差值计算。

对于加工精度较高的法兰类，也可以直接检测直径。

图4-6　筒体直径的测量

4.4.6　同一断面最大最小直径差

方法一，用内径测量杆在筒体内测量出最大最小值，计算之间差距，见图4-7。

方法二，筒体竖直放置，在端口每隔45°用卷尺测量内径的最大与最小值之差，两端分别测量，以最大值计算，见图4-7。

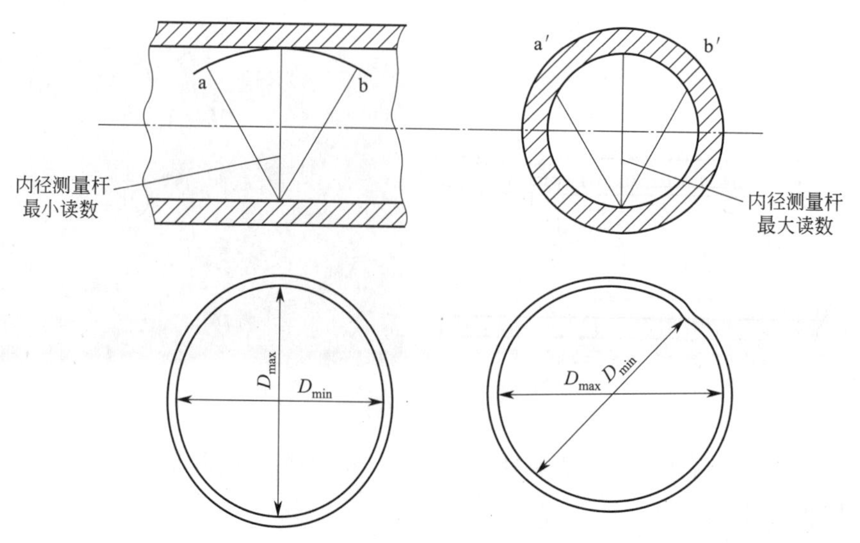

图 4-7　筒体最大最小直径差（椭圆度）测量

4.4.7　用钢卷尺测量锅炉或压力容器筒体直线度

如图 4-8 所示的锅炉筒体，由于中间焊缝的存在，不能用直尺或钢卷尺

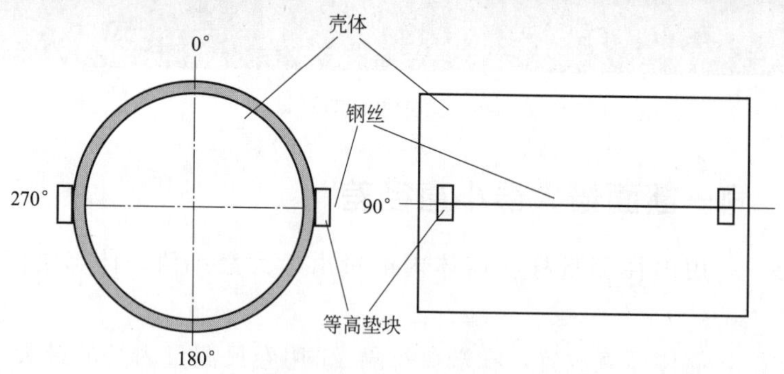

图 4-8　筒体直线度测量

直接测量，可以在两端采用垫块，用钢丝拉紧，测量相对误差。在筒体两端离焊缝边缘 100mm 处各放一等高垫块，在其上拉一直线用钢尺测量直线到锅筒的最大距离，减去垫块高度即为直线度。遇焊缝离开 50mm，在相距 90°两个方位上测量，以最大值计算。为避免拉线下垂产生影响，拉线位置与锅筒之间是水平方向。

用同样方法可以测量成排管接头的高度误差，测量成排管接头的直线度误差见图 4-9。用测深尺测量两端管接头高度，合格后，在两端管接头端面上各放一等高垫块，在其上拉一直线，用钢尺测量其余各管接头端面与直线之间的距离，减去垫块高度，以最大差值计算。

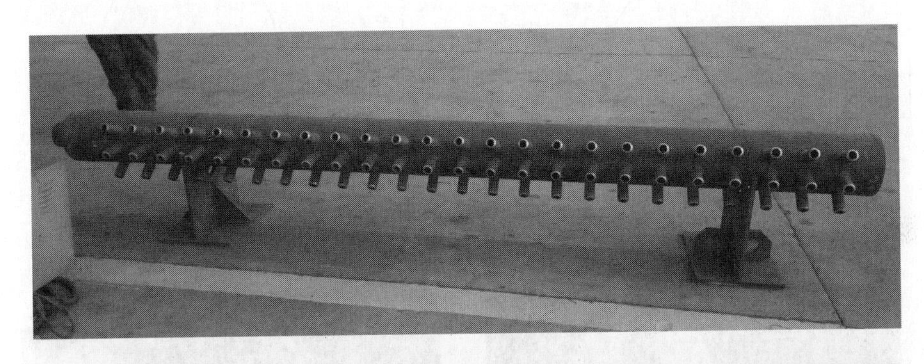

图 4-9　成排管接头中心点的直线度测量

4.4.8　正接管的检查

正接管管端倾斜度采用直角尺和钢板尺测量。

接管伸出高度和轴向倾斜度测量——测量时将一根钢板尺立起并靠在法兰密封面上，然后用另一根钢板尺分别测量筒体最上端到钢板尺底部的距离，如图 4-10 中 H_1、H_2 的值，要求 $H_1-H_2\leqslant 1\%D$。有时接管靠近筒体封头一侧致使接管一边的基准不准，此时可采用图 4-10 所示的方法测量法兰面与筒体轴线的平行度（测量出 H_1 和 H_2 的值加以比较即可）。

测量接管周向倾斜度，用卷尺从检查线处直接拉至法兰上平面即可测出 L_1 和 L_2 的值。若接管为换热器壳体接管还需检查接管上平面与换热器管箱侧法兰的两相邻螺栓孔的连线是否平行。

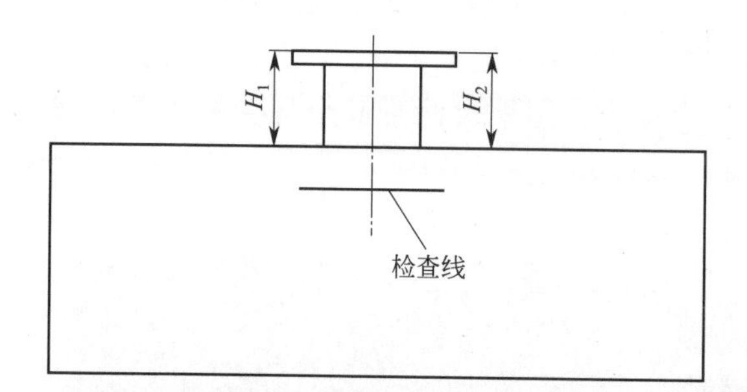

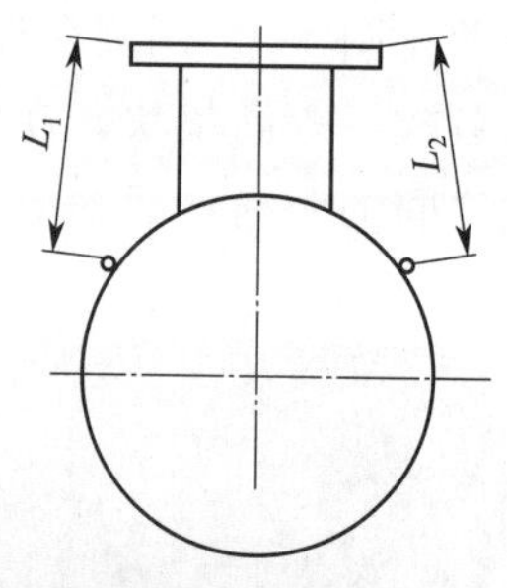

图 4-10　正接管的检测

4.4.9 斜接管的检测

斜接管分为与筒体轴线倾角较大的斜接管和筒体有倾斜安装要求的接管。检查分为倾斜角度检查和周向倾斜度检查，倾斜角度检查可用计算（如图 4-11 内的计算式）的方法计算出 h 值再实际测量出 h 值加以比较即可，一般此方法仅用于小口径接管的检验，因为 H 值的测量是先测出管子的伸出长度再加上法兰厚度得到的，若是大直径接管，其 H 值还应包含圆弧的下降高度。

另一种方法就是使用样板或万能角度尺，用万能角度尺或样板的斜边靠在法兰密封面上，再用直角尺的一边与万能角度尺或样板的直边比较间隙的均匀度即可。

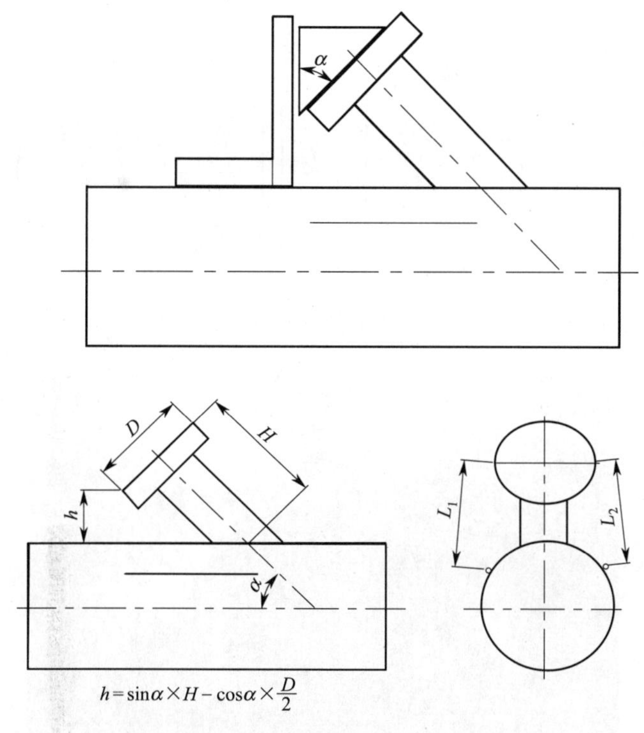

图 4-11　斜接管的检测示意图

4.4.10　偏心接管检测

轴向倾斜度测量（测量 H_1、H_2 的值）：如是卧式容器一般选鞍座为基准，检测时先将鞍座转到水平或垂直位置，相应的接管法兰密封面也在垂直或水平位置，然后以水平尺检测其水平度或垂直度即可；如是立式容器或塔器则以其它接管或人孔为基准检测其与这些接管的相对位置。当基准难以确定时也可用检查线的方法加以检测，但此时检查线不可任意确定，必须根据筒体的外圆周长按接管中心线两边同样角度的弧长确定检查线（如图 4-12 右图中相对接管中心线 β 角度的弧长确定的两条检查线），筒体的半径也需根据实际成形后的筒体周长确定。再测量上图中的 L_1 和 L_2 值，此时要求 $L_2-L_1=R\times[\sin(\alpha+\beta)-\sin(\alpha-\beta)]$。

4.4.11　接管法兰的中心距检测

用测量得到的两个接管法兰外缘之间的距离尺寸，减去两个法兰的半径，即得到法兰中心距数值，如图 4-13 所示。

利用钢板尺，也可以检测两个法兰的平面度数值。

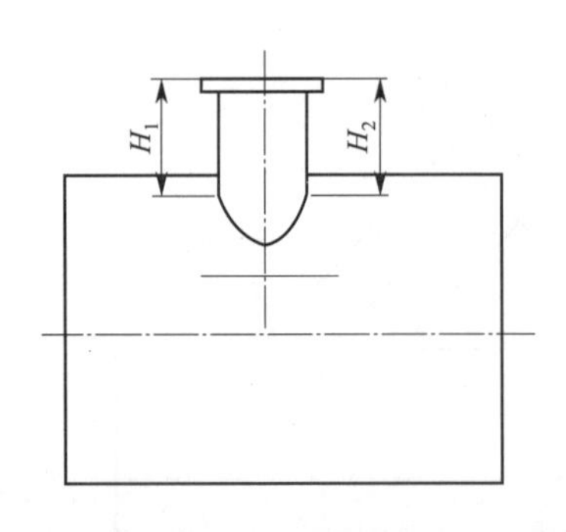

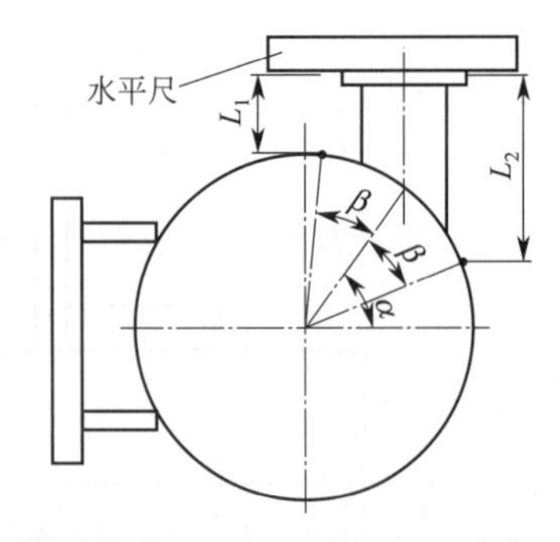

图 4-12　偏心接管的检测示意图

图 4-13　接管法兰的中心距检测

4.4.12　管板的直线度、平面度检测

如图 4-14 所示，用 2 块等厚度垫块（比如 10mm），在垫块上拉紧一根直径为 0.5mm 的细钢丝，利用测深尺测出钢丝与平面之间的最大距离，减去垫块厚度即得到平面度误差。

4.4.13　管板或封头高度检测

如图 4-15 所示，把管板放置在检测平台上，利用一个钢板尺 A（量程 1m）放置在管板平面上，利用钢板尺 B（或直角尺）测出钢板尺 A 下端面到平台的尺寸，即得到管板高度。

利用直角尺和塞尺配合，可以测出管板的直边倾斜度。

利用直角尺，在平台上读出管板弯曲变形的起点高度数值，即得到管板直边高度尺寸。

图 4-14　管板的直线度、平面度检测

图 4-15　管板高度检测

如图 4-16 所示，测量没有平台，将封头反放在地面上，用直角尺和直尺（塞尺）配合测量直边倾斜度和直边高度。

4.4.14　弯管椭圆度、波浪度检测

利用卡尺，如图 4-17 所示，在弯管的 90°方向上分别测量，读数之差即为椭圆度。

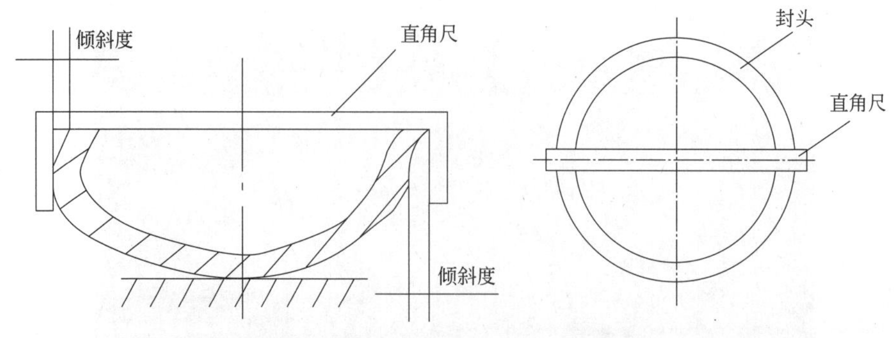

图 4-16　封头、管板直边倾斜度检测

如果管子弯曲出现波浪，利用图 4-17(b) 所示的方法，测量波峰波谷的数据，即得到波浪度参数值。用钢尺测量距离最小的相邻两波峰峰距，即为波浪间距。

(a) 椭圆度检测

(b) 波浪度检测

图 4-17　管子椭圆度、波浪度检测

4.4.15　弯曲成形管子的弯曲变形量检测

在检测平台上，预先画出弯管的设计的标准尺寸，把弯曲成形的管子与预先划线比较，测量出实际管子与划线之间的误差尺寸。如图 4-18、图 4-19 所示。

管子翘曲变形，在检测平台上，可以利用塞尺测量出变形量。

4.4.16　封头成形误差的检测

如图 4-20 所示，制作封头成形检测样板，在封头内部测量样板边缘与封头内壁的尺寸变化，测量出封头成形误差。

总高度偏差测量：将封头置于平台上，口向下，在封头圆弧最高点处搁一直尺（若是有孔封头则放在人孔短轴方向），用钢皮尺测量封头两侧直尺到平台的距离的平均值。

图 4-18　蛇形管弯曲尺寸及倾斜检测

图 4-19　弯管弯曲尺寸及倾斜检测

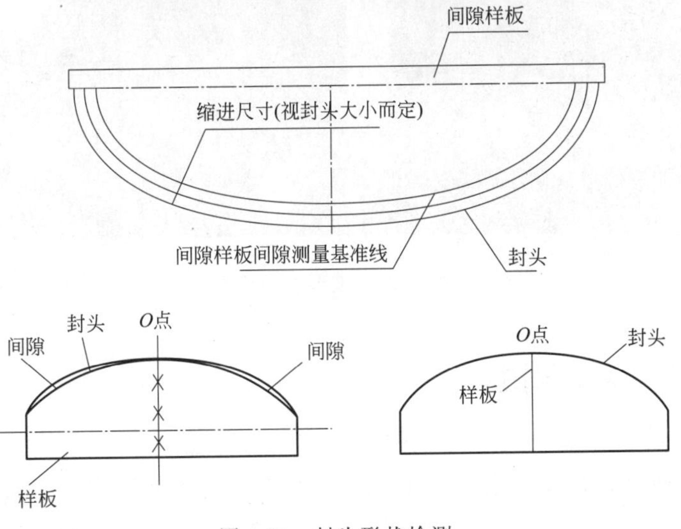

图 4-20　封头形状检测

封头圆柱部分倾斜度测量（图 4-21）：将封头置于平台上，口向下，用直角尺一边靠于平台，另一边靠于封头，用钢皮尺测量角尺与直段终点的间隙。

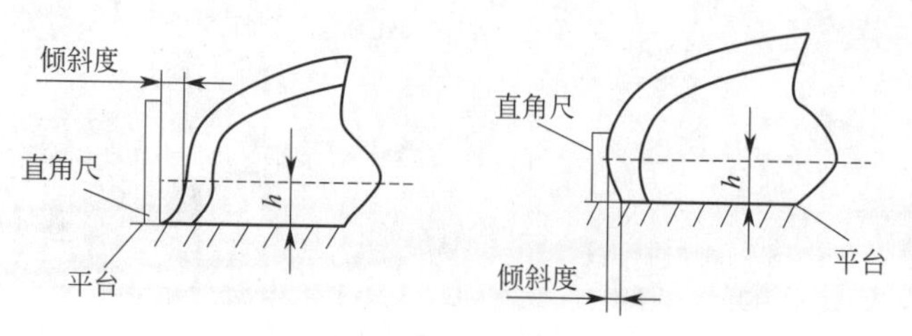

图 4-21　封头直边倾斜检测

4.4.17　波形炉胆的波峰、波节测量

利用钢板尺测量波形炉胆的波峰波谷高度。在波峰上放一直尺用钢尺测量直尺到波谷间的距离（图 4-22），计算其与设计尺寸之相对差，在任意截面的“+”字方位测量四点，按偏差最大的计算。

测量两个波峰之间的距离即为波节长度，为了测量更精确，也可测量若干个波峰之间的距离，求平均值。

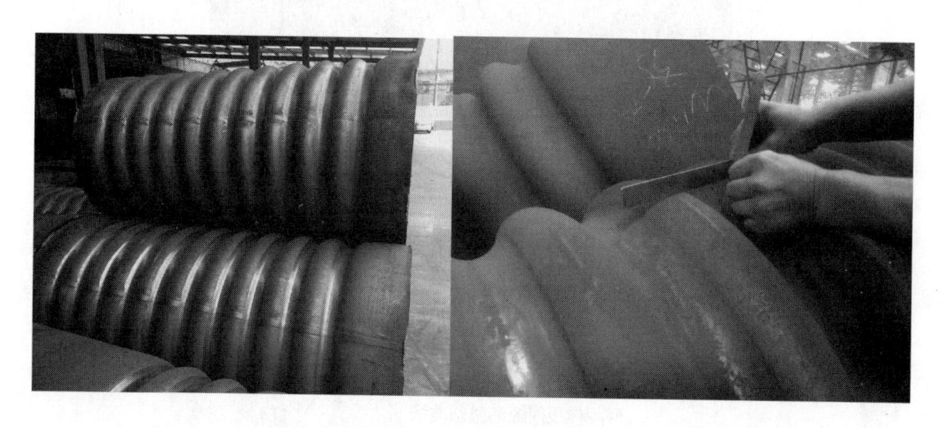

图 4-22　波形炉胆检测

4.4.18　标高测量

利用水准仪或全站仪，测量钢结构的标高，如图 4-23(a) 所示。

利用连通管原理，在大气压力下，透明塑料连通管中的水位在同一个水平面上，由此可以测出钢结构不同立柱的标高差，如图 4-23(b) 所示。

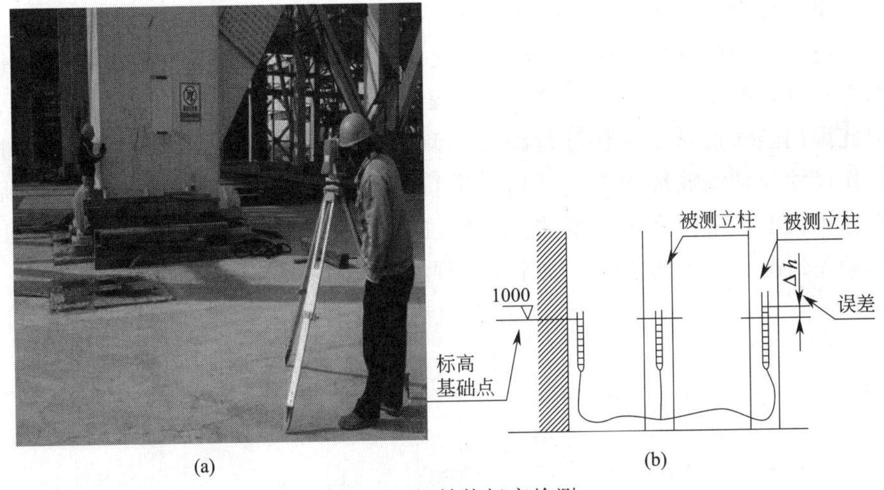

图 4-23　钢结构标高检测

4.4.19　垂直度测量

钢结构立柱、锅炉炉墙等，需要进行垂直度检测，主要检测方法有以下三种。

垂直度测量方法一：利用铅坠，测量不同标高处立柱与吊绳之间的距离，可以得到垂直度数据［图 4-24(a)］。

垂直度测量方法二：利用水平尺，测量锅炉炉墙立面与地面的垂直度，判断是否垂直，仅定性测量［图 4-24(b)］。

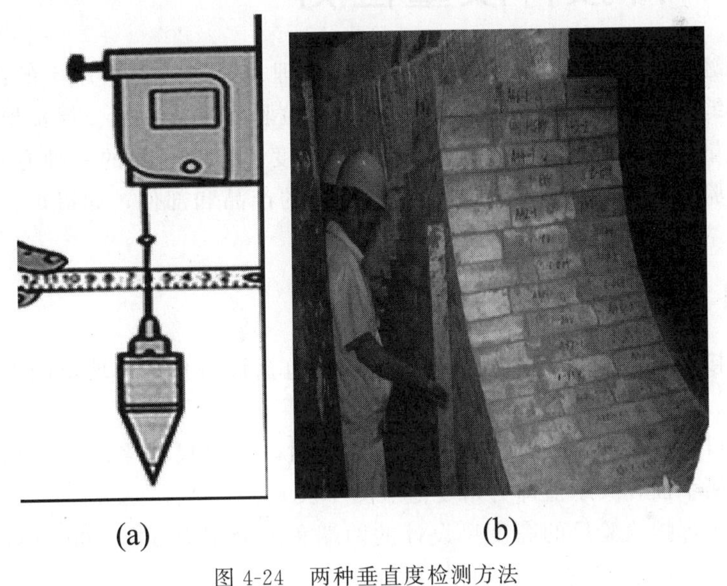

图 4-24　两种垂直度检测方法

垂直度测量方法三：利用经纬仪，测量钢结构的垂直度误差数据。

将2台经纬仪架设在钢柱相互正交的方向线上，采用正倒镜法测量钢柱的垂直度，见图4-25。在梁的安装过程中，柱垂直度一般会发生微小变化，因此采用经纬仪对相应柱进行跟踪观测。若柱垂直度超标，则先复核构件制作尺寸及轴线放样误差，然后再进行处理。在高强螺栓紧固前，测量所有柱垂直度，紧固后再次复测。焊接过程中对柱垂直度跟踪监测，根据实际偏差情况，适当调整焊接顺序及施焊的速度。

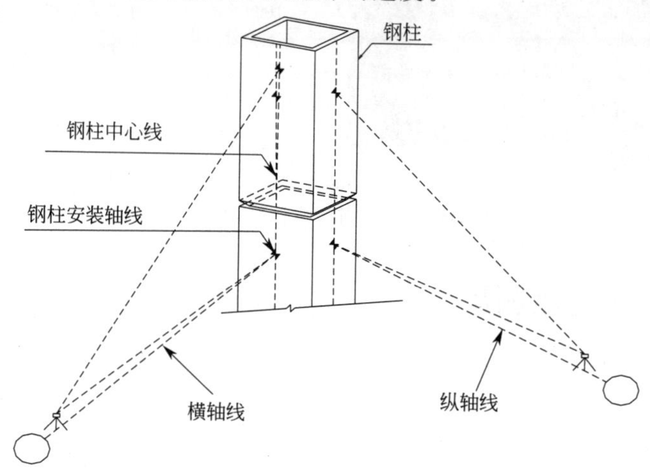

图4-25　采用正倒镜法进行垂直度检测

4.5 焊接件质量检测

焊缝通常存在的缺陷有外观形状不合理、焊接过程中产生的缺陷等。检测焊缝外形不合理的缺陷时，常用焊接检验尺进行检测。焊接检验尺是用来测量焊接件坡口角度、焊缝宽度与高度、焊接间隙的一种专用量具。焊接检验尺适用于测量焊接质量要求较高的产品和部件，如锅炉、压力容器、钢结构等焊接结构。

4.5.1 焊接坡口检测

焊接坡口常见的检测要求见图4-26，包括坡口角度、坡口间隙、钝边厚度等。坡口根部间隙检测见图4-27。

坡口角度（图4-26）检测，测量角度时，将主尺和多用尺分别靠紧被测角的两个面，其示值即为角度值（图4-28）。

由于焊接检验尺的高度尺设计的两端角度分别为50°和60°，对于对接坡口为60°的或50°的，可以直接测量。

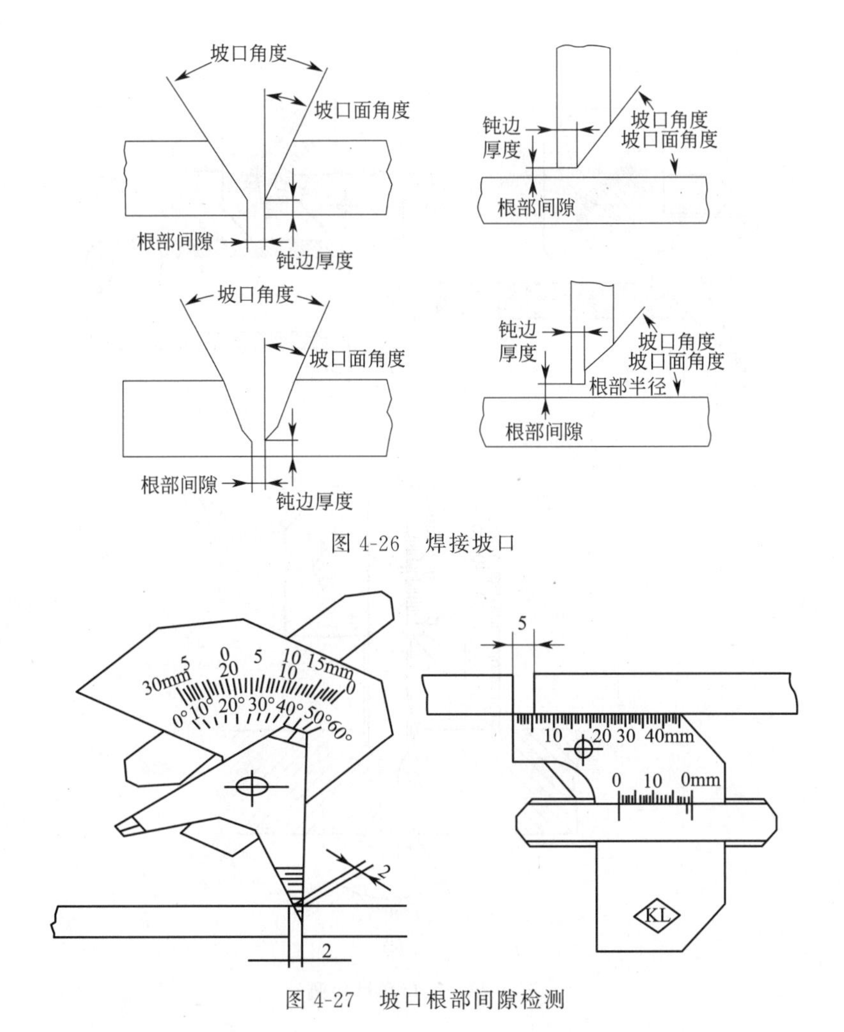

图 4-26　焊接坡口

图 4-27　坡口根部间隙检测

4.5.2　对接焊缝余高的测量

测量余高时，对每一条焊缝，将量规的一个脚置于基体金属上，另一个脚与余高的顶接触，则在滑尺上可读出余高的数值，如图 4-29 所示。

用样板与测深尺测量焊缝余高时，先测量焊缝两边与焊缝中心高度值之差，再以算术平均值计算。图 4-30 显示用样板测量焊缝高度和错边量的样板放置。

4.5.3　对接焊缝宽度测量

测量焊缝宽度时，先用主尺测量角靠紧焊缝一边，然后旋转多用尺的测量角靠紧焊缝的另一边，读出焊缝宽度示值（图 4-31）。

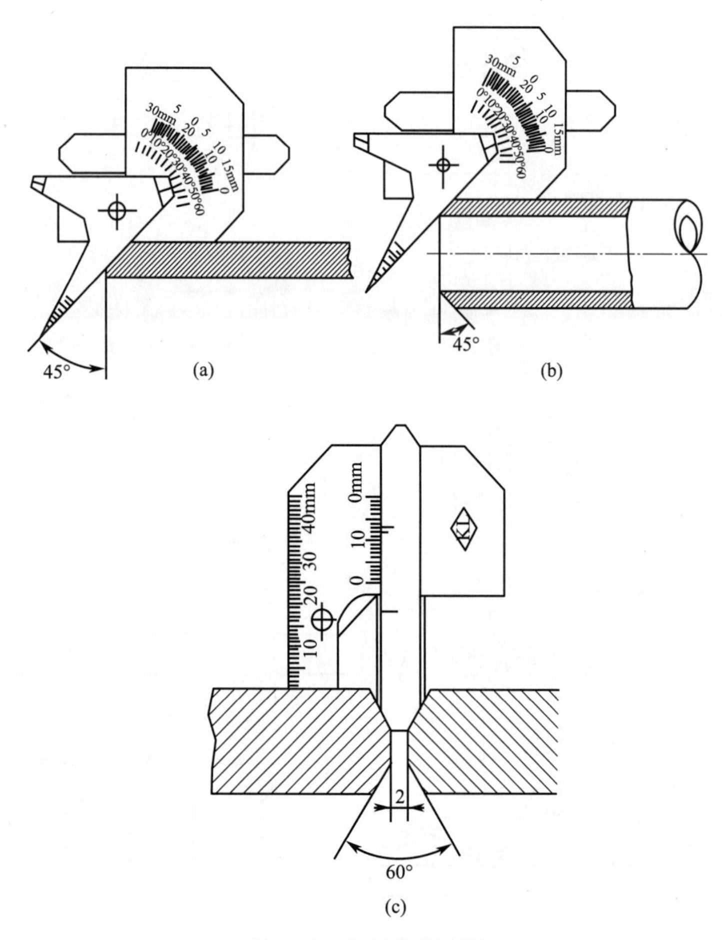

图 4-28　坡口角度检测

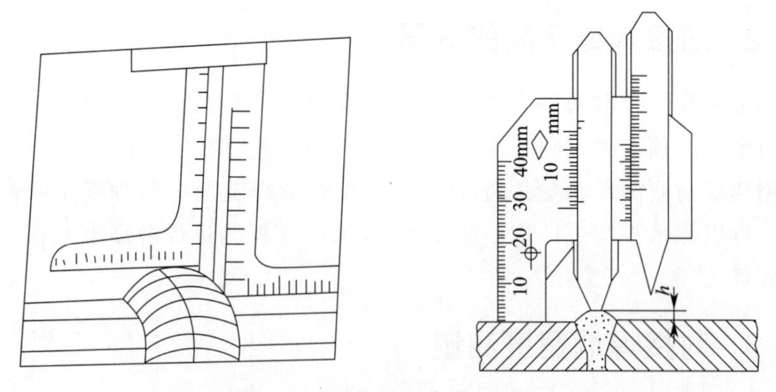

图 4-29　对接焊缝余高的测量

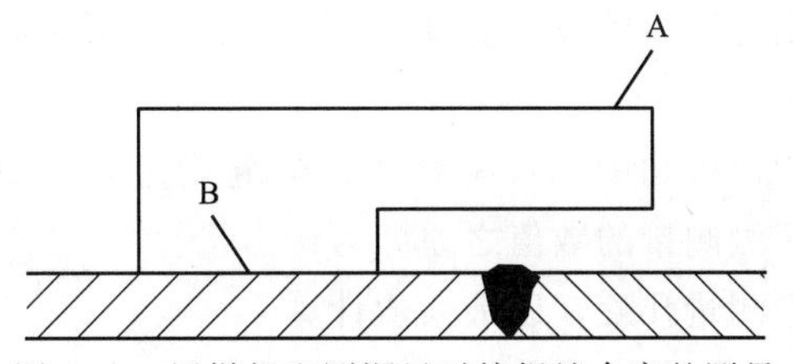

图 4-30　用样板和测深尺对接焊缝余高的测量

如果焊缝宽度较大，可以用直尺直接测量。

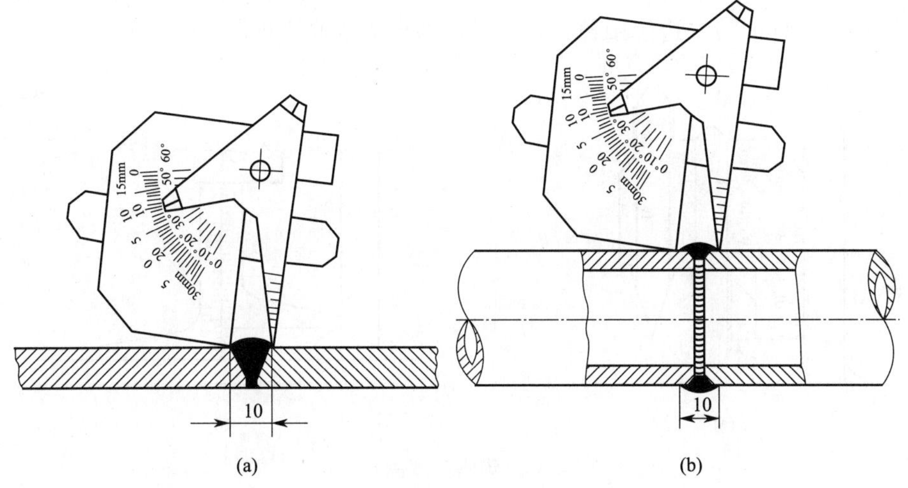

图 4-31　焊缝宽度测量

4.5.4　错边量测量

方法一，应用焊接检验尺测量错边量。先用主尺靠紧焊缝一边，然后滑动高度尺使之与焊缝另一边接触，高度尺与焊件的另一边接触，高度尺示值即为错边量（图 4-32）。

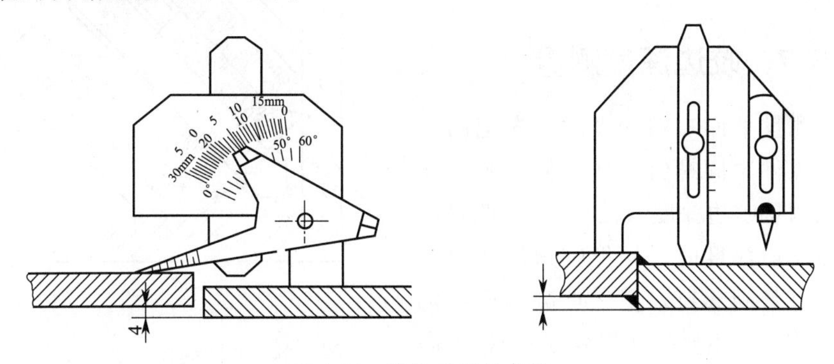

图 4-32　错边量测量方法

方法二，应用焊接检验尺测量错边量。利用多用尺和主尺配合测量焊缝错边量。

方法三，应用样板和测深尺配合测量焊缝错边量。如图 4-30 所示，利用测深尺在焊缝两侧测量的数值之差即为错边量。

测量时，可多测量几处，以最大值计算。

4.5.5 焊脚高度测量

测量角焊缝的焊脚高度时，用尺的工作面靠紧焊件和焊缝，并滑动高度尺与焊件的另一边接接触，高度尺示值即为焊脚高度[图 4-33(a)]。

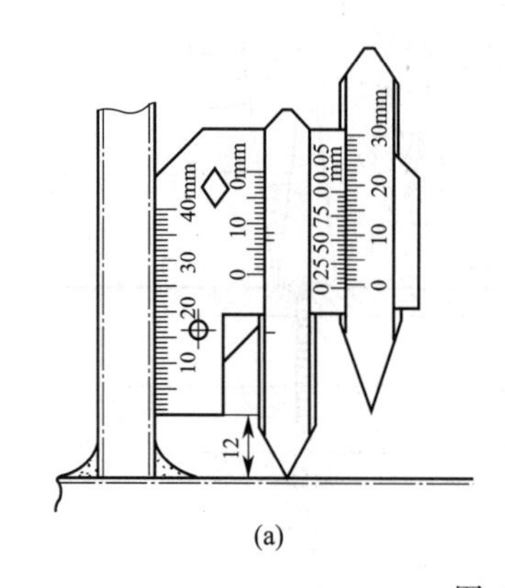

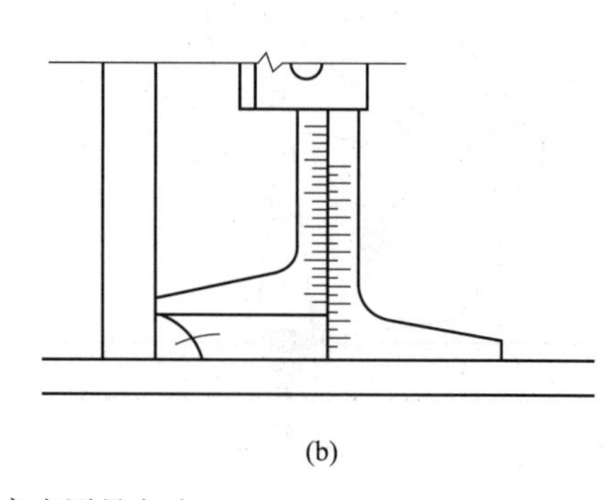

图 4-33 焊脚高度测量方法

4.5.6 角焊缝厚度测量

测量角焊缝厚度时，把主尺的工作面与焊件靠紧，并滑动高度尺与焊缝接触，高度示值即为角焊缝厚度（图 4-34）。

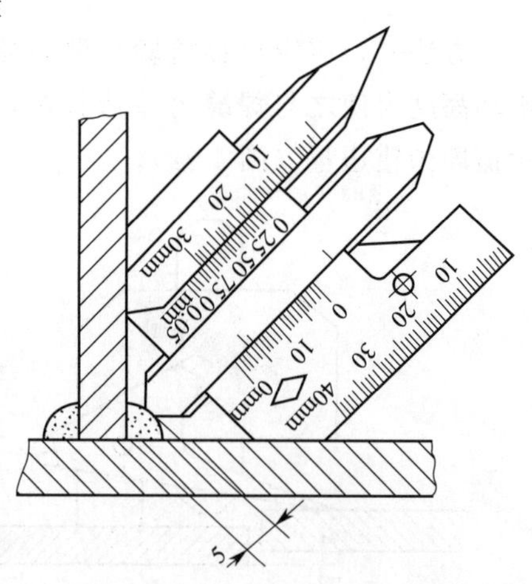

图 4-34 角焊缝厚度测量方法

4.5.7 咬边深度测量

测量平面咬边深度时，先把高度对准零件紧固螺钉，然后使用咬边深度尺测量咬边深度（图 4-35）。测量圆弧面咬边深度时，先把咬边深度尺对准零件紧固螺钉，把三点测量面接触在工件上（不要放在焊缝处），锁紧高度尺。然后将咬边深度尺松开，将尺放于测量处，活动咬边深度尺，其示值即为咬边深度（图 4-36）。

测量咬边深度时，焊接检验尺应放置在咬边侧的母材上。

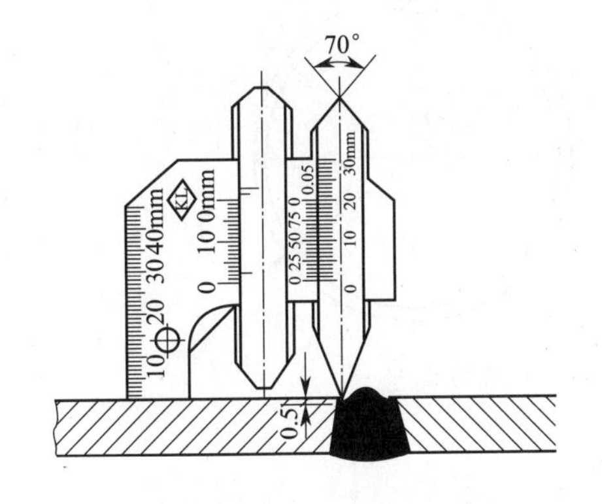

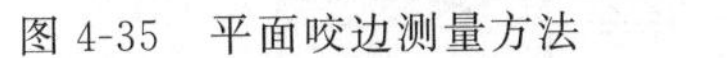
图 4-35　平面咬边测量方法

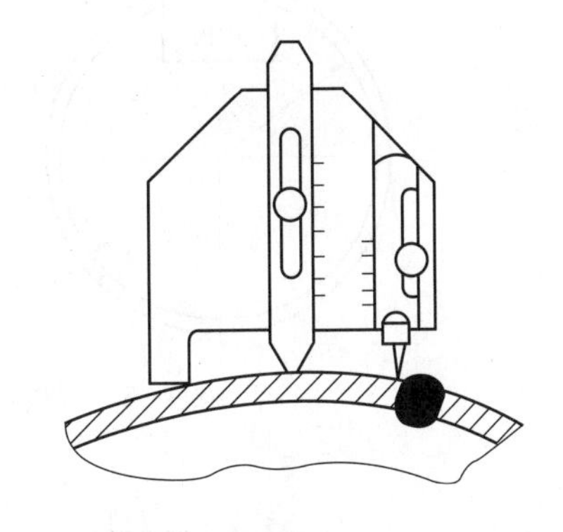
图 4-36　圆弧面咬边测量方法

由焊接过程造成的缺陷主要有表面气孔、表面裂纹、焊瘤、咬边、电弧击伤等。表面气孔一般呈球状，可群分布或均匀分布。表面裂纹可能是纵向的，横向的，或星形的。表面气孔主要出现在焊缝表面或趾端，进行检测时，可利用直尺直接测量气孔的直径，或在放大镜的辅助下，用直尺测量气孔的大小。裂纹一般利用低倍放大镜进行观察。焊瘤通常直接目视观察，可以通过测量焊缝金属的切线与基体金属之间的夹角来判断是否存在焊瘤缺陷，如果不存在焊瘤，切线与基体金属之间的夹角将等于或大于 90°，如果存在焊瘤，切线与基体金属之间的夹角将小于 90°，如图 4-37 所示。

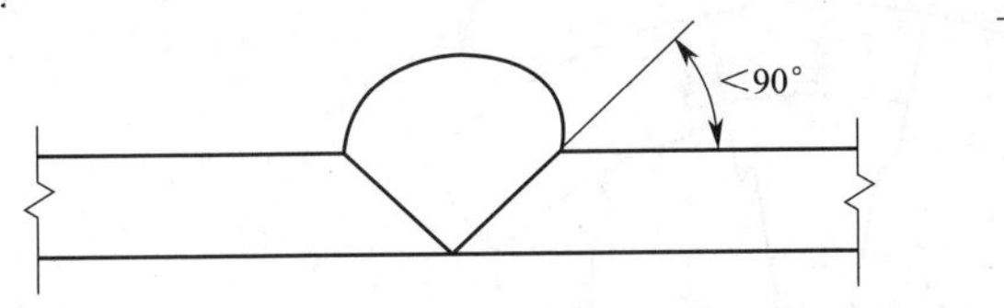

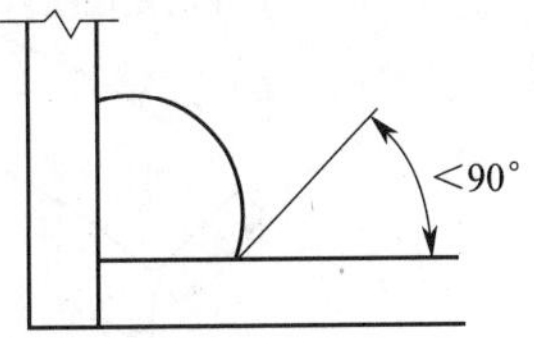

图 4-37　焊瘤的检测

4.5.8　焊缝棱角度检测

焊接接头棱角度包括环向棱角度（图 4-38）、纵向棱角度（图 4-39），焊缝棱角度一般采用样板测量。纵向焊接接头棱角度测量采用的样板见图 4-40，包括外样板和内样板。外样板从筒体外面直接测量，内样板从筒体内部测量。环向棱角度采用如图 4-41 所示的样板测量。棱角度测量还需配合测深尺和钢板尺。

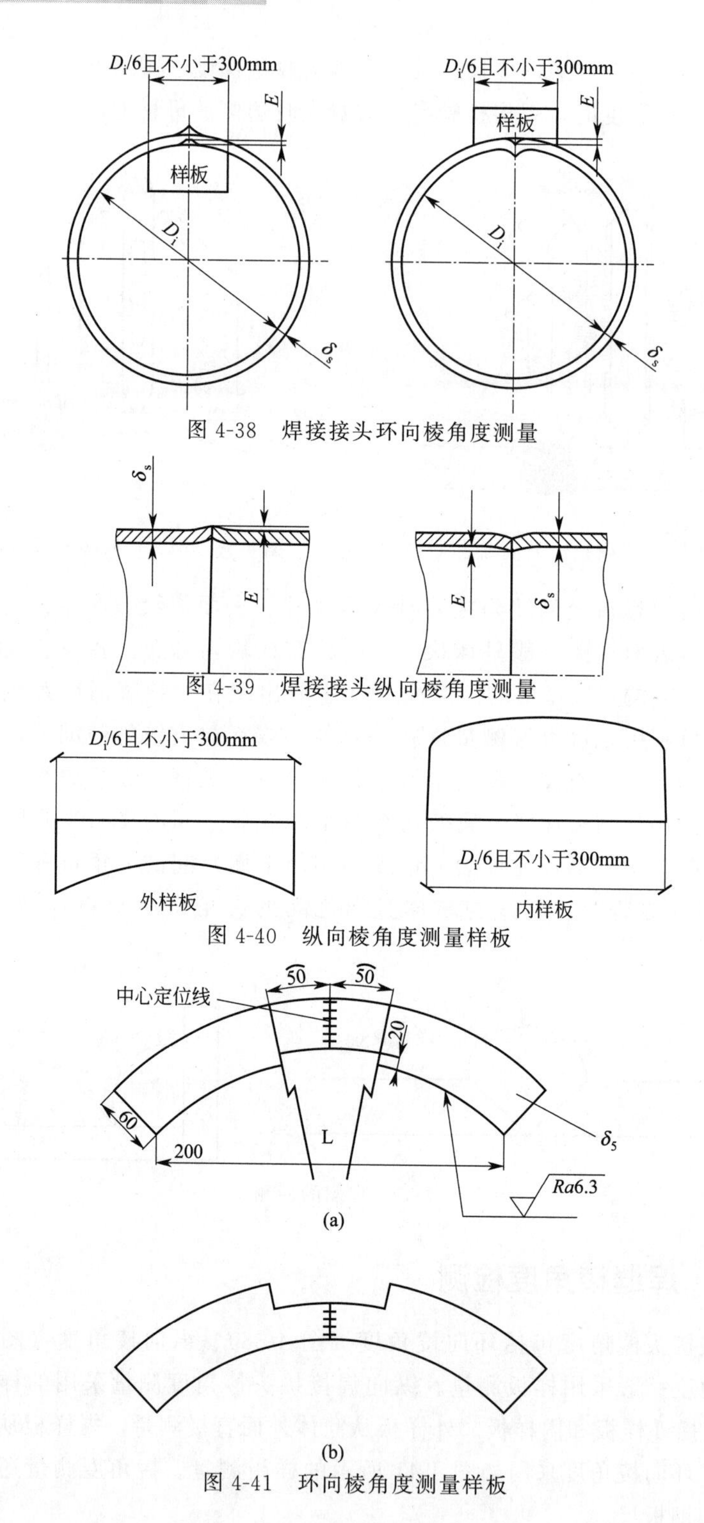

图 4-38　焊接接头环向棱角度测量

图 4-39　焊接接头纵向棱角度测量

图 4-40　纵向棱角度测量样板

图 4-41　环向棱角度测量样板

4.6　在役设备缺陷检测

在役设备产生的表面缺陷，一般为裂纹、腐蚀减薄、鼓包变形、磨损及机械损伤等。

4.6.1　裂纹类缺陷的检测

可以用钢板尺直接测量出裂纹的长度。如果裂纹较宽，也可以测裂纹最大宽度（图 4-42）。

通过打磨，可以测量打磨深度来确定裂纹深度。当然也可以采用其它无损检测方法测量裂纹深度。

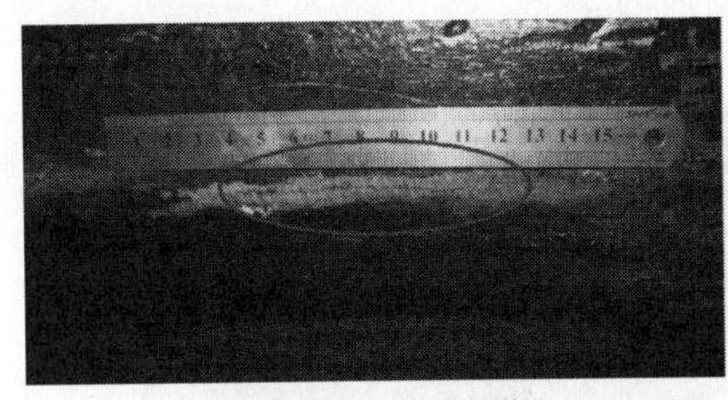

(a) 筒体焊接接头部位裂纹

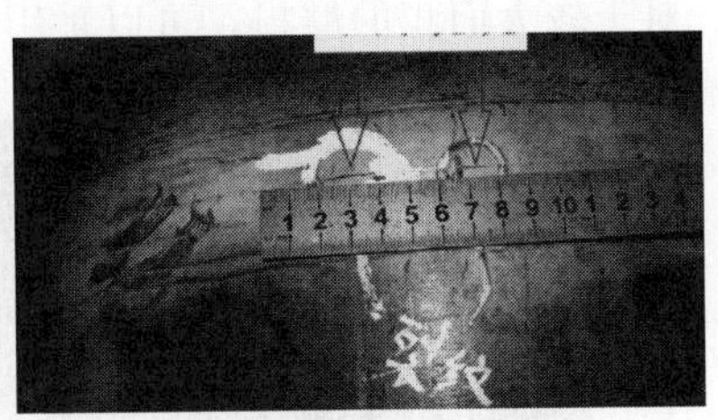

(b) 接管焊接接头裂纹

图 4-42　焊缝裂纹

4.6.2　鼓包及胀粗的测量

在筒体内壁，横跨鼓包位置（图 4-43），沿着筒体轴线方向立放一根钢板尺，用测深尺检测鼓包处最大深度。

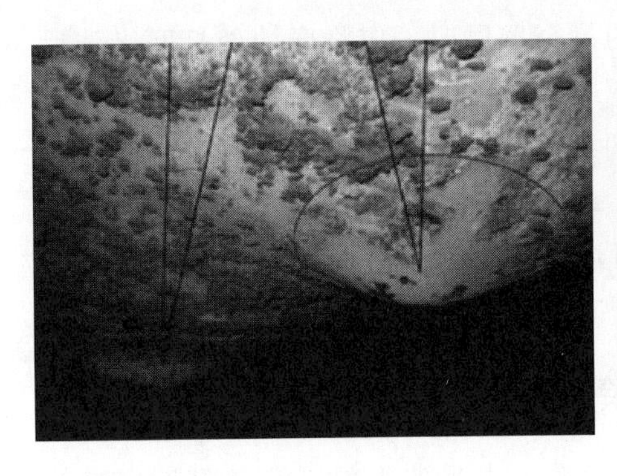

图 4-43　锅筒底部鼓包

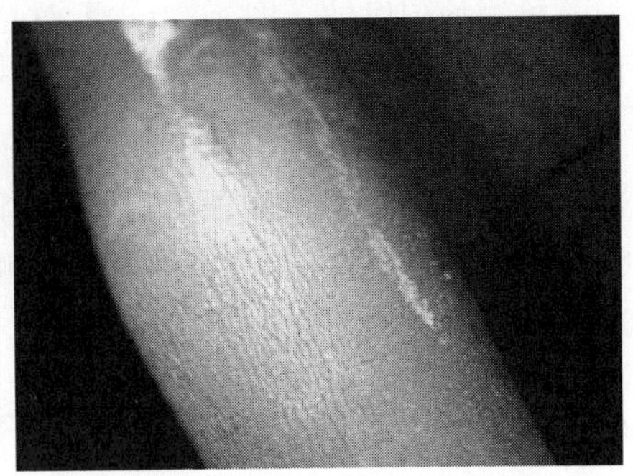

图 4-44　受热面管子胀粗

根据变形起点位置，测绘出变形面积（直径）。

受热面管子胀粗量（图 4-44）检验方法为，用游标卡尺对受热面的各种管子烧胀的部位进行测量，将测量数据与管子没有变形和磨损的部位数据进行比较，得到胀粗量。

胀粗的管子也可以采用卡钳测量，有时也用卷尺测量管子周长再进行计算胀粗量。

4.6.3 磨损量测量

对外观上的检查，可以手摸眼看，对有明显磨损（图 4-45）、吹损、氧化的管子进行磨损腐蚀检查。

用游标卡尺对各种管子磨损的部位进行测量，测量数据与管子没有变形和磨损部位数据进行比较，得到磨损量。

对于较大面积的磨损，可以采用测厚仪测量。

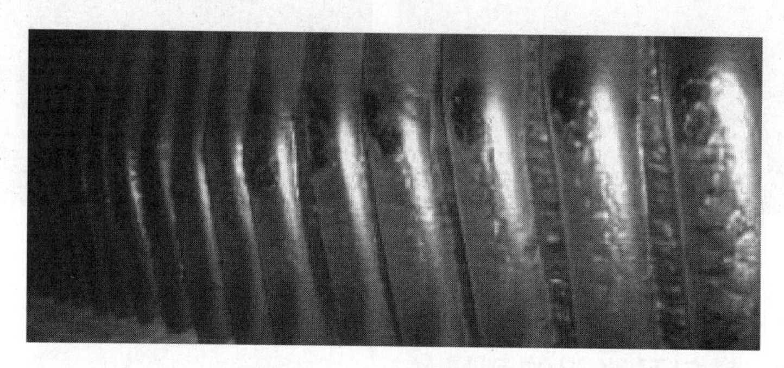

图 4-45　水冷壁管子磨损

4.6.4 腐蚀类缺陷的检测

检测均匀腐蚀［图 4-46(a)］处的剩余壁厚时，应将腐蚀处打磨光洁后用测厚仪测量剩余壁厚。

检测点状腐蚀［图 4-46(b)］处的剩余壁厚时，应先测量点蚀的深度和面积，测量方法是将腐蚀面打磨光滑，用钢板尺测量腐蚀点的面积，用测深尺测量腐蚀坑深度，再用测厚仪测量筒体厚度，减去腐蚀坑深度，得到筒体剩余壁厚。

4.6.5 管道保温、管道附件等检测

通过目测，查看有无泄漏、保温脱落、支吊架失效、安全附件失效等缺陷（图 4-47），根据有关规程做好检测记录。

需要时，利用卷尺等测量工具，测量损伤尺寸。

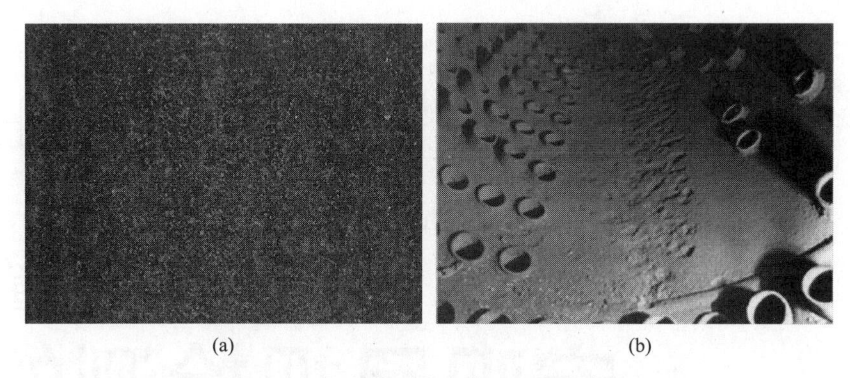

(a)　　　　　　　　　　(b)

图 4-46　金属腐蚀均匀腐蚀和点状腐蚀

图 4-47　管子和集箱保温损伤

4.6.6　管子爆破口尺寸测量

管子长时超温爆破情况如图 4-48 所示，可利用直尺测量管子的破口尺寸。

利用游标卡尺测量破口壁厚减薄情况。

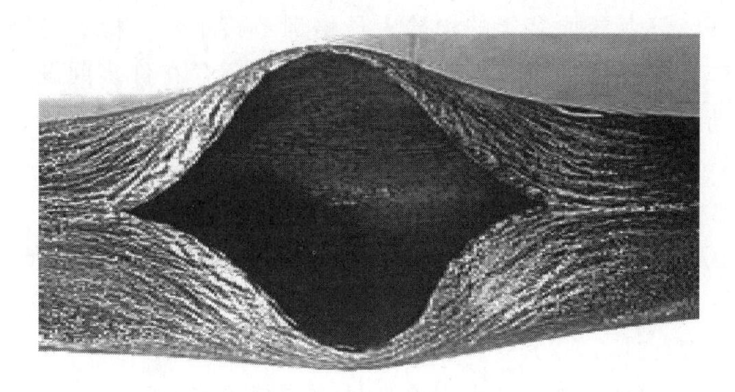

图 4-48　管子长时超温爆破

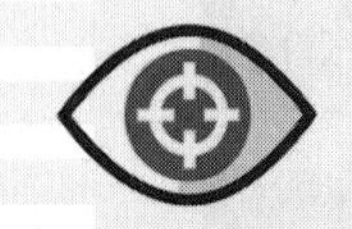

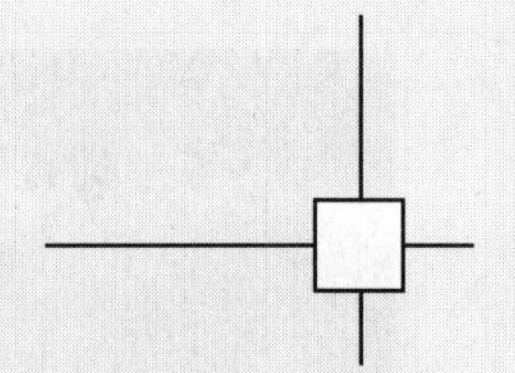

第5章 宏观目视检测的应用实践

5.1 目视检测相关标准

目视检测资质考试取证，目前在我国还不是很普及，人们对目视检测的重要性认识还不是很充分，认为该方法简单易懂，可以不必要过于严格要求。特种设备是我国要求较为严格的行业，但是目前没有要求目视检测的资质取证。笔者参加多年的检验人员培训考核工作、检验检测机构的认证核准工作，发现目视检测的作业程序及规范还存在许多问题，人员水平的不一致情况也很突出。目前目视检测主要有以下相关标准。

① GB/T 5616—2014《无损检测 应用导则》。

② GB/T 20967—2007《无损检测 目视检测 总则》。

③ GB/T 20968—2007《无损检测 目视检测辅助工具 低倍放大镜的选用》。

④ GB/T 17455—2008《表面检测的金相复型技术》。

⑤ GB/T 9445—2015《无损检测 人员资格鉴定与认证》。

⑥ GB/T 11533—2011《标准对数视力表》。

⑦ NB/T 47013.7—2012《承压设备无损检测 第7部分：目视检测》。

⑧ JB/T 11601—2013《无损检测仪器 目视检测设备》。

⑨ ASME BPVC. V—2019（中文版）《锅炉及压力容器规范 国际性规范》。

⑩ EN1330-10《无损检测 术语 第 10 部分 外观检测中使用的概念》（Non-destructive testing-Terminology-Part10：Terms used in visual testing；Trilingual version EN 1330-10：2003）。

⑪ ISO 9712—2012《Non-destructive testing-Qualification and certification of NDT personnel》。

⑫ASNT SNT-TC-1A—2016（中文版）《无损检测人员鉴定和认证》。

⑬ ISO17636—2016《Non-destructive testing of welds-Visual testing of fusion-welded joints》。

⑭ BS EN ISO 5817—2014《熔透焊缝目视检测》。

针对目视检测，NB/T 47013.7—2012《承压设备无损检测 第 7 部分：目视检测》标准编写的内容较为全面，直接引用编写作业指导书，基本可以满足其它几个标准的要求。

《锅炉安全技术规程》《压力容器安全技术监察规程》《钢结构工程施工规范》《钢结构焊接规范》等标准规程中对宏观目视检测也有具体要求，检验时需严格遵守。

5.2 目视检测通用工艺参考

某单位《焊接质量目视检测通用工艺》如下，格式仅供参考。

5.2.1 适用范围

本作业指导书规定了本集团电站锅炉现场安装生产产品焊接质量目视检测的基本要求，采用直接目视检测和间接目视检测的一般原则。

本作业指导书不适用于使用其它任何破坏性检测或无损检测方法进行的检测活动。

5.2.2 编制依据

① ISO 17636—2016《Non-destructive testing of welds-Visual testing of fusion-welded joints》。

② GB/T 20967—2007《无损检测 目视检测 总则》。

③ GB/T 20968—2007《无损检测 目视检测辅助工具 低倍放大镜的选用》。

④ GB/T 11533—2011《标准对数视力表》。

⑤ GB/T 9445—2015《无损检测 人员资格鉴定与认证》。

⑥ ASME BPVC. V—2015（中文版）《锅炉及压力容器规范 国际性规范》。

⑦ ASNT SNT-TC-1A—2016（中文版）《无损检测人员鉴定和认证》。

⑧ NB/T 47013.7—2012《承压设备无损检测 第7部分：目视检测》。

⑨ JB/T 11601—2013《无损检测仪器 目视检测设备》。

5.2.3 人员要求

① 熟悉相关标准、法规、规范、检测设备等。

② 熟悉被检工件的相关制造工艺过程和工作条件。

③ 视力良好或矫正视力达到要求，应至少每12个月检查一次视力，视力（或矫正视力）不低于GB/T 11533标准规定5.0。

④ 目视检测人员应持有GB/T 9445—2015或ASNT SNT-TC-1A—2016考核合格的2级以上目视检测资质证书。

5.2.4 检验设备仪器

① 直接目视检测法采用白光照度计、照明光源、低倍放大镜等。

② 需要测量时配备焊接检验尺、游标卡尺、钢卷尺、钢直尺等。

③ 间接目视检查时配备白光照度计、照明光源、低倍放大镜、反光镜、内窥镜、照相机等。

④ 检查尺、照度计等应在检定或校准合格的有效期内。

5.2.5 检测前准备

① 审查设计图纸和安装方案，确定被检工件、位置、可接近性和几何形状。

② 检测覆盖范围包括锅炉产品的所有焊接接头部位。

③ 被检表面应清理干净，不得有焊渣等。必须在保温以前完成检查。

④ 与焊接人员沟通，确认检验时机。核查各部件材质，对于有延迟裂纹倾向的材料，应在焊接完成后24小时之后检查。

5.2.6 观察方法

采用直接目视观察法，缺陷位置采用照相机记录。发现异常情况或微型裂纹气孔等缺陷，采用低倍放大镜观察。对管子内壁检查采用韦林光纤内窥镜，自动拍照记录。

5.2.7 照明要求

① 一般情况下采用自然光照明。自然光不足时，采用 24V 行灯或强光手电照明。

② 一般目视检测最低光照度应达到 500lx。发现异常情况或微型裂纹气孔等缺陷时，要求光照度应达到 1000lx。

5.2.8 检查方法和技术

（1）直接目视检测

通常用于局部检测。当眼睛可置于距离被检工件表面 600 mm 以内，并且眼睛与被检工件表面不小于 30°视角时适于直接目视检测。可以使用镜子改善视角，还可以借助放大镜、内窥镜、光导纤维等设备协助检测。

直接目视检测在大于 600 mm 的距离，应使用照相机、反光镜等适合的检测辅助手段。

接受检测的特定工件、部件、锅筒内部或其它区域，若需要，应使用辅助照明设备进行照明，为使检测效力最大化，应考虑以下照明要求。

① 使用相对于观察点的最佳光线方向。

② 避免炫目的光。

③ 使用与表面光反射性相适应的照度级。

（2）间接目视检测

无法使用直接目视检测时，可使用间接目视检测。间接目视检测使用视觉辅助设备，如内窥镜和光导纤维，连接到照相机或其它合适的仪器上。

间接目视检测系统是否适合完成指定的任务应经过验证。

5.2.9 验收准则

执行 ISO 17636—2016《Non-destructive testing of welds-Visual testing of fusion-welded joints》

5.2.10 结果评定及处理

目视检测应按 ISO 17636—2016《Non-destructive testing of welds-Visual testing of fusion-welded joints》和技术合同的规定进行评定。

5.2.11 记录与报告

检测项目应在目视检测记录中列全，检验人员应认真做好目视检测记录，保证检验记录的完整性、真实性。

依据记录编制目视检测报告。

检测报告内容应完整、真实、准确，其编制、审核、批准按本集团《检验报告和证书控制程序》执行。

检测报告、记录等应一起归档保存，按本集团《档案管理规定》执行。

5.3 锅炉产品的宏观目视检测

锅炉的宏观目视检测主要包括以下几类。外观检查，主要检查有无裂纹、重皮、疤痕、凹陷、麻坑、划痕等缺陷，是否符合设计和工艺技术标准要求；结构检查，主要测量几何形状、人孔、管接头及焊接件布置是否合理；焊接质量检查，主要是焊缝表面外观检查，检查表面质量和外形是否符合设计和工艺技术标准，吊耳或支座焊缝表面是否有裂纹、气孔、弧坑、夹渣及深度大于 0.5mm 的咬边。下面根据锅炉不同部件，叙述检测的主要项目和检测方法。

5.3.1 锅炉单节筒体主要检测项目及检测方法（表 5-1）

表 5-1 锅炉单节筒体主要检测项目及检测方法

序号	检测项目	检测方法
1	长度偏差	用钢卷尺直接测量
2	内径偏差	①用卷尺在筒体边缘围出周长，按 $\pi=3.1416$ 和实测壁厚计算筒体的内径，在筒体两端分别测量，取其与设计内径的最大差值。 ②用内径检测量具测量任意截面的内径，计算其与设计内径的最大差值
3	椭圆度（内径最大值与最小值之差）	①将筒体竖直放置，在端口每隔 45°用卷尺测量内径的最大值与最小值之差，两端分别测量，以最大值计算。 ②用内径检测量具测量任意截面最大和最小内径，取最大差值
4	棱角度	用样板及测深尺测量
5	焊接质量	用焊接检验尺检测和目视检测
6	产品、材料、焊工等钢印或标识	目视检测，并与设计及施工工艺文件要求核对

5.3.2 锅炉封头主要检测项目及检测方法（表 5-2）

表 5-2 锅炉封头主要检测项目及检测方法

序号	检测项目	检测方法
1	内径偏差	①用卷尺在封头圆柱部分边缘围出周长，按 $\pi=3.1416$ 和实测壁厚计算筒体的内径，在筒体两端分别测量，取其与设计内径的最大差值。 ②用内径检测量具测量任意截面的内径，计算其与设计内径的最大差值

续表

序号	检测项目	检测方法
2	椭圆度(内径最大值与最小值之差)	①将封头放于平台上,开口朝上,在端口每隔 45°用卷尺测量内径的最大值与最小值之差,两端分别测量,以最大差值计算。 ②用内径检测量具测量任意截面最大和最小内径,取最大差值
3	圆柱部分倾斜度	将封头置于平台上,口向下,将直角尺一边靠于平台,另一边靠于封头,用钢直尺测量角尺与直段终点的间隙
4	总高度偏差	将封头置于平台上,口向下,在封头圆弧最高点处搁一直尺(有孔封头放在人孔短轴方向),用钢直尺测量封头两侧直尺到平台的距离的平均值
5	人孔扳边高度偏差	将封头人孔端向上,在人孔扳边圆弧的最高处放一直尺(短轴方向),用钢直尺测量直尺到扳边口的距离即为人孔扳边高度,两边分别测量,取最大差值
6	封头直边高度	将封头置于平台上,口向下,将直角尺一边靠于平台,另一边靠于封头,直接读取封头弯曲起点至平台的距离读数
7	焊接质量	用焊接检验尺检测和目视检测
8	产品、材料、焊工等钢印或标识	目视检测,并与设计及施工工艺文件要求核对

5.3.3 锅炉管板主要检测项目及检测方法(表 5-3)

表 5-3　锅炉管板主要检测项目及检测方法

序号	检测项目	检测方法
1	内径偏差	①用卷尺在筒体边缘围出周长,按 $\pi=3.1416$ 和实测壁厚计算筒体的内径,在筒体两端分别测量,取其与设计内径的最大差值。 ②用内径检测量具测量任意截面的内径,计算其与设计内径的最大差值
2	椭圆度(内径最大值与最小值之差)	①将管板放于平台上,开口朝上,在端口每隔 45°用卷尺测量内径的最大值与最小值之差,两端分别测量,取最大差值。 ②内径检测量具测量任意截面最大和最小内径,取最大差值
3	总高度偏差	将管板置于平台上,口向上,用钢尺测量平台至管板口的距离,圆周各 90°方向测量四点,以差值大的计算
4	扳边直段倾斜度	将管板置于平台上,口向下,将直角尺的一边靠于平台,另一边靠于扳边口,用钢尺测量角尺与扳边直段终点间的间隙,即扳边直段倾斜度
5	胀接管孔尺寸偏差	用专用塞规测量或者用游标卡尺测量。圆度、圆柱度用游标卡尺测量
6	胀接管孔表面质量	粗糙度按相应加工方法粗糙度样块比较检测,或者用粗糙度检测仪测量,其余目测

续表

序号	检测项目	检测方法
7	管孔中心距偏差	按相邻两孔中心距(t)和排孔边缘二孔中心距(L)以两侧对应边缘的距离平均值计：$t=\frac{1}{2}(t_1+t_2)$及$L=\frac{1}{2}(L_1+L_2)$相邻两孔用游标卡尺测量，排孔两端用卷尺测量
8	焊接管孔直径偏差	机械加工管孔用塞规、游标卡尺测量，气割管孔用钢皮尺测量
9	炉胆孔扳边直段减薄量	用游标卡尺在扳边口上测量，按最薄厚度计算
10	炉胆孔扳边直段高度	将管板置于平台上，口向下，将直角尺的一边靠于平台，另一边靠于扳边口，直接读取平台至弯曲起点的距离读数
11	焊接质量	用焊接检验尺检测和目视检测
12	产品、材料、焊工等钢印或标识	目视检测，并与设计及施工工艺文件要求核对

5.3.4 锅炉波形炉胆主要检测项目及检测方法（表5-4）

表5-4 锅炉波形炉胆主要检测项目及检测方法

序号	检测项目	检测方法
1	炉胆孔中心偏移	将管板置于平台上，找出管板和炉胆孔的实际中心线，用钢尺测量两中心线间的距离，与设计尺寸的差值即是偏移量
2	炉胆孔内径偏差	用卷尺在端口围出周长，按$\pi=3.1416$计算筒体外径，减去实测筒体壁厚，计算出内径的差值
3	炉胆孔孔径最大值与最小值之差	在炉胆孔端口每隔45°用卷尺测量内径的最大值与最小值之差
4	炉胆内径偏差	①用卷尺在炉胆筒体边缘围出周长，按$\pi=3.1416$和实测壁厚计算筒体的内径，在筒体两端分别测量，以其与设计内径的最大差值计算。 ②用内径检测量具测量任意截面的内径，计算其与设计内径的最大差值
5	椭圆度(内径最大值与最小值之差)	①将炉胆竖直放置，在端口每隔45°用卷尺测量内径的最大值与最小值之差，两端分别测量，取最大差值。 ②用内径检测量具测量任意截面最大和最小内径，取最大差值
6	波高偏差	在波峰上放一直尺用钢尺测量直尺到波谷间的距离与设计尺寸之相对差，在任意截面的圆周各90°方位测量四点，按偏差最大的计算
7	棱角度	用样板及测深尺测量
8	焊接质量	用焊接检验尺检测及目视检测
9	产品、材料、焊工等钢印或标识	目视检测，并与设计及施工工艺文件要求核对

5.3.5 锅炉 U 型下脚圈主要检测项目及检测方法（表 5-5）

表 5-5　锅炉 U 型下脚圈主要检测项目及检测方法

序号	检测项目	检测方法
1	外圈内径偏差	将下脚圈置于平台上，用卷尺在外圈端口边围出周长，按 $\pi=3.1416$ 和实测壁厚计算实测内径与设计内径的差值
2	内圈内径偏差	将下脚圈置于平台上，用卷尺在内圈端口边围出周长，按 $\pi=3.1416$ 和实测壁厚计算实测内径与设计内径的差值
3	内圈内径最大值与最小值之差	将下脚圈置于平台上，在端口每隔 45°用卷尺测量内圈内径最大值与最小值之差
4	外圈内径最大值与最小值之差	将下脚圈置于平台上，以两把直角尺作为外圈高度的延伸，用卷尺测量外圈外径，每隔 45°测量一次，最大值与最小值之差即是
5	内、外圈高度偏差	将下脚圈置于平台上，口向上，用钢尺测量平台至端口的距离，周向各 90°方向各测四处，取最大差值
6	内、外扳边直段倾斜度	将下脚圈置于平台上，口向下，用直角尺的一边靠于平台，另一边靠于扳边口，用钢尺或塞尺测量角尺与扳边直段终点间的间隙
7	底面平面度	将下脚圈置于平台上，用塞尺测量下脚圈与平台的间隙
8	焊接质量	用焊接检验尺检测及目视检测
9	产品、材料、焊工等钢印或标识	目视检测，并与设计及施工工艺文件要求核对

5.3.6 锅炉集箱主要检测项目及检测方法（表 5-6）

表 5-6　锅炉集箱主要检测项目及检测方法

序号	检测项目	检测方法
1	集箱焊缝布置	目视检测，卷尺测量。插入管长度、焊缝上开口等应符合规程
2	长度偏差	按图样用钢卷尺测量集箱两端盖两侧长度
3	全长直线度	在集箱两端距焊缝边缘 100mm 处各放一等高垫块，在其上拉一直线，用钢尺测量直线到集箱的最大距离，减去垫块高度即为直线度。 遇焊缝须离开 50mm，在相距 90°两个方位上测量，取最大值。 为避免拉线下垂的影响，拉线位置与集箱之间是水平方向
4	集箱表面质量	目测，遇机械损伤、材料缺陷等，必要时适用量具检查
5	对接焊缝边缘偏差	用样板及测深尺测量焊缝两侧的高度差即为环向焊缝对接边缘偏差。测量几处，以最大值计算
6	环焊缝尺寸偏差及质量	目测，用焊接检验尺检测

续表

序号	检测项目	检测方法
7	管接头角焊缝外形尺寸偏差及质量	目测，用焊接检验尺检测
8	耳板角焊缝外形尺寸偏差及质量	目测，用焊接检验尺检测
9	管孔中心距偏差	按相邻两孔中心距(t)和排孔边缘二孔中心距(L)以两侧对应边缘的距离平均值计：$t=\frac{1}{2}(t_1+t_2)$及$L=\frac{1}{2}(L_1+L_2)$，环向测量弦长，折算成弧长相邻两孔用游标卡尺测量，排孔两端用卷尺测量
10	纵向成排等高管接头高度差	用测深尺测量两端管接头，合格后，在两端管接头端面上各放一等高垫块，在其上拉一直线，用钢尺测量其余各管接头端面与直线之间的距离，减去垫块高度，取最大差值
11	管接头纵向倾斜度	节距较大时用直角尺和塞尺逐个测量； 节距较小时制作“门”形样板和塞尺逐个测量
12	管接头端部纵向节距偏差	小节距用钢皮尺或卷尺测量管端外壁，大节距则用直尺或卷尺测量管端内壁
13	管接头环向偏移及倾斜度	两端两个管接头用样板检测；中间的则以两端为基准拉线检测
14	管接头坡口角度及钝边要求	以管端为基准用角度尺或焊接检验尺测量
15	管接头端面倾斜度	以管端外壁为基准用直角尺和塞尺测量
16	集箱耳板或支座位置偏差	根据加工前的划线，用直尺或卷尺测量
17	吊耳的纵向倾斜度	环向耳板的纵向倾斜用直角尺和塞尺测量
18	纵向吊耳的环向倾斜度	根据加工前的划线，用直尺或卷尺测量
19	环向耳板孔的偏移	用制作的样板检测(与吊线法原理相同)
20	支座的端面倾斜度	用直角尺和钢板尺或塞尺测量
21	法兰端面的倾斜度	法兰平面的纵向倾斜用直角尺和塞尺测量。 法兰平面的环向倾斜用水平尺测量，其方法为先找到法兰在集箱上的中心线并用水平尺找到使其达到最高位置。然后在法兰平面上横放一水平尺。在法兰边缘用垫片使之达到水平。则垫片之高度即为环向倾斜度值
22	密封面表面质量	目测
23	零件外露加工面防锈	目测
24	油漆	目测，必要时测量涂层厚度

续表

序号	检测项目	检测方法
25	集箱内部清理	目测
26	包装	目测
27	产品、产品、材料、焊工等钢印或标识	目视检测，并与设计及施工工艺文件要求核对

5.3.7　锅炉管子主要检测项目及检测方法（表 5-7）

表 5-7　锅炉管子主要检测项目及检测方法

序号	检测项目	检测方法
1	管子拼接、焊接接头数量及位置	目测，必要时卷尺测量
2	对接焊缝边缘偏差	用样板及测深尺测量焊缝两侧的高度差即为环向焊缝对接边缘偏差，或者用焊接检验尺测量。测量几处，取最大值
3	对接焊接质量	用焊接检验尺检测，目视检测
4	管子弯折度	每米弯折度用 1 米直尺检测，两侧基准点应与焊缝中心对称；弯折度测量点应在距焊缝中心 50mm 处。 全长弯折度在管子弯曲方向的两端各放一等高垫块，在其上沿母线拉一直线，用钢尺测量管子与直线间最大距离，减去垫块高度，即为弯折度，测量位置应距焊缝 50mm 处
5	空间弯头的管子两弯头间直段部分长度偏差	用角尺找出管子的弯曲起点，用钢尺测量两弯曲起点之间的长度
6	管子偏移	按 1∶1 在平台上放样，用直角尺、钢尺等测量
7	管子端部偏移	在平台放样、对样，用直角尺和钢直尺检测
8	管子端部长度偏移	对样，用直角尺和钢皮尺检测
9	管段中间偏移	对样，用直角尺 和钢皮尺检测
10	管子弯头平面度	将管子以自由状态放在平台上，用钢尺或塞规测量管端与平台间隙，正反面测量，以最大间隙计算
11	管子弯曲角度偏差	平台放样检测。用角度尺或活络样板检查
12	管端坡口角度偏差	用焊接检验尺检测
13	管端倾斜	用直角尺和钢板尺或塞尺联合检查
14	管子通球	以不大于 0.59MPa（约 $6kgf/cm^2$）的风压作为动力，钢球能顺利通过为台格。球径允许减小 0.2mm
15	大于 ϕ60mm 的弯管弯头外径最大值与最小值之差	用外卡钳及钢尺测量弯头任意截面的最大和最小直径，以最大差值计算。 也可用宽口游标卡尺直接测量

续表

序号	检测项目	检测方法
16	弯管波浪度	用外卡钳及钢尺测量管子相邻波峰直径和波谷直径，其差值即波浪度。用钢尺测量距离最小的相邻两波峰峰距，即为波浪间距
17	油漆	目测，必要时测量涂层厚度
18	包装	目测
19	产品、材料、焊工等钢印或标识	目视检测，并与设计及施工工艺文件要求核对

5.3.8 锅炉省煤器、过热器等蛇形管主要检测项目及检测方法（表5-8）

表5-8 锅炉省煤器、过热器等蛇形管主要检测项目及检测方法

序号	检测项目	检测方法
1	管子拼接、焊接接头数量及位置	目测，必要时用卷尺测量
2	对接焊缝边缘偏差	用样板及测深尺测量焊缝两侧的高度差即为环向焊缝对接边缘偏差，或者用焊接检验尺测量。测量几处，取最大值
3	对接焊接接头质量	用焊接检验尺检测，目视检测
4	管子弯头处壁厚减薄量	部、组件中最小弯管半径外侧用测厚仪测厚。 制造厂可以做弯管试样而后解剖实测计算
5	弯管椭圆度（弯管弯头外径最大值与最小值之差）	用外卡钳及钢尺测量弯头任意截面的最大和最小直径，以最大差值计算。 也可用宽口游标卡尺直接测量
6	蛇形管管端倾斜度	在平台放样、对样，用直角尺和钢直尺检测
7	管子端部长度偏移	对样，用直角尺和钢皮尺检测
8	管子弯折度	每米弯折度用1米直尺检测，两侧基准点应与焊缝中心对称；弯折度测量点应在距焊缝中心50mm处。 全长弯折度在管子弯曲方向的两端各放一等高垫块，在其上沿母线拉一直线，用钢尺测量管子与直线间最大距离，减去垫块高度，即为弯折度，测量位置应距焊缝50mm处
9	管段中间偏移	对样，用直角尺和钢皮尺检测
10	管子平面度	将管子以自由状态放在平台上，用钢尺或塞规测量管端与平台间隙，正反面测量，以最大间隙计算
11	管子弯曲角度偏差	平台放样检测。用角度尺或活络样板检查
12	管端坡口角度偏差	用焊接检验尺检测

续表

序号	检测项目	检测方法
13	管端倾斜度	用直角尺和钢板尺或塞尺联合检查
14	相邻弯头沿长度方向偏移	在平台上对样，用直角尺和钢直尺检测。允许在管子间衬以垫块固定管子后进行对样，对无管夹的产品允许用模拟管夹固定管子进行对样
15	相邻弯头沿宽度方向偏移	在平台上对样，用直角尺和钢直尺检测。允许在管子间衬以垫块固定管子后进行对样，对无管夹的产品允许用模拟管夹固定管子进行对样
16	蛇形管坡口角度偏差	焊接检验尺检测
17	管子通球	以不大于 0.59MPa(约 $6kgf/cm^2$)的风压作为动力，钢球能顺利通过为合格。球径允许减小 0.2mm
18	蛇形管子表面质量	目测，有机械损伤等用量具测量
19	油漆	目测，必要时测量涂层厚度
20	包装	目测
21	产品、材料、焊工等钢印或标识	目视检测，并与设计及施工工艺文件要求核对

5.3.9 锅炉膜式壁主要检测项目及检测方法（表 5-9）

表 5-9　锅炉膜式壁主要检测项目及检测方法

序号	检测项目	检测方法
1	管子拼接、焊接接头数量及位置	目测，必要时用卷尺测量
2	对接焊缝边缘偏差	用样板及测深尺测量焊缝两侧的高度差即为环向焊缝对接边缘偏差，或者用焊接检验尺测量。测量几处，取最大值
3	管子对接焊接接头质量	用焊接检验尺检测，目视检测
4	管端坡口角度偏差	用焊接检验尺检测
5	鳍片间拼接错位	目测，用焊接检验尺检测
6	鳍片间拼接焊缝的表面质量	用焊接检验尺检测，目视检测
7	鳍片中心与管子中心的偏移	用钢直尺、测深尺测量
8	鳍片中心的倾斜度	用钢直尺、测深尺测量
9	鳍片管的宽度偏差	用钢直尺测量

续表

序号	检测项目	检测方法
10	鳍片管的直线度	用钢直尺、垫块、钢丝测量
11	鳍片管的扭曲	用钢直尺、垫块、钢丝测量
12	鳍片管的旁弯度	用钢直尺、垫块、钢丝测量
13	鳍片与管子角的焊缝表面质量	用焊接检验尺检测,目视检测
14	管组长度偏差	长度及对角线之差的测法是，先将组件水平放于平台上,向平台吊线后拉延长线并分出集箱中心线,然后在平台上测量(均以鳍片边缘为准),“测量基线”均为距鳍片拼接焊缝起点以内100mm处。 不带集箱组件在中间和两侧各测一点,带集箱组件则仅就在两侧各测一点
15	管组管口不齐度	以两端拉线为基准测量任意相邻两管长度差
16	管组宽度偏差	测中间和两端测量基线处共三点,直角尺靠鳍片片外边缘,实测数值减去一根鳍片管宽度值即为偏差
17	管组对角线之差	带集箱的按序号在平台上测量。不带集箱的先在两测量基线上用钢卷尺或卡尺从外侧向管子中心处等距划出交点后测量
18	管组横向弯曲度	在两端测量基线处用拉线（加垫块)测量
19	管子弯折度	每米弯折度用1米直尺检测,两侧基准点应与焊缝中心对称;弯折度测量点应在距焊缝中心 50mm 处。 全长弯折度在管子弯曲方向的两端各放一等高垫块,在其上沿母线拉一直线,用钢尺测量管子与直线间最大距离,减去垫块高度,即为弯折度,测量位置应距焊缝 50mm 处
20	管段中间偏移	对样,用直角尺和钢皮尺检测
21	管子平面度	将管子以自由状态放在平台上,用钢尺或塞规测量管端与平台间隙,正反面测量,以最大间隙计算
22	管子弯曲角度偏差	平台放样检测。用角度尺或活络样板检查
23	管端倾斜度	用直角尺和钢板尺或塞尺联合检查
24	管子通球	以不大于 0.59MPa(约 $6kgf/cm^2$)的风压作为动力,钢球能顺利通过为合格。球径允许减小 0.2mm
25	膜式壁管子表面质量	目测,有机械损伤等用量具测量
26	油漆	目测,必要时测量涂层厚度
27	包装	目测
28	产品、材料、焊工等钢印或标识	目视检测,并与设计及施工工艺文件要求核对

5.3.10 锅炉总装主要检测项目及检测方法（表 5-10）

表 5-10　锅炉总装主要检测项目及检测方法

序号	检测项目	检测方法
1	锅筒表面质量	目测，必要时用适用量具检测
2	锅筒筒体全长偏差	用钢卷尺量筒体两端环向焊缝中心间的长度，在直径方向测量 2 次，以最大差值计算
3	全长直线度	在筒体两端离焊缝边缘 100mm 处各放一等高垫块，在其上拉一直线，用钢尺测量直线到锅筒的最大距离，减去垫块高度即为直线度。遇焊缝离开 50mm，在相距 90°两个方位上测量，以最大值计算。为避免拉线下垂的影响，拉线位置与锅筒之间是水平方向
4	对接焊缝外观质量	目测。有争议可用适用量具检查。 用样板与测深尺测量纵缝，用焊接检验尺测量环缝，测量焊缝两边与焊缝中心高度值之差，以算术平均值计算
5	焊接管孔直径偏差	机械加工管孔用塞规、游标卡尺测量，气割管孔用钢尺测量
6	管孔中心距偏差	按相邻两孔中心距(t)和排孔边缘二孔中心距(L)以两侧对应边缘的距离平均值计：$t=1/2(t_1+t_2)$及$L=1/2(L_1+L_2)$。环向测量弦长，折算成弧长，当锅筒实测外径与设计外径相差大于 4mm 时，名义弧长按实测计算，每节测量取平均值，相邻两孔用游标卡尺测量，排孔两端用卷尺测量
7	胀接管孔尺寸偏差	直径用专用塞规测量，圆度、圆柱度用游标卡尺测量
8	胀接管孔圆柱度、胀接管孔的圆度	用千分表测量
9	胀接管孔表面粗糙度	目测，用粗糙度对比样块对照检查、粗糙度仪器测量(有必要时可用百分表或测深尺实测)
10	胀接管孔表面质量	粗糙度按相应加工方法进行粗糙度样块比较检查，其余目测
11	胀接管端伸出长度	用钢尺测量胀后伸出的斜边长度
12	密封面表面质量	目测
13	各法兰平面倾斜度	用测深尺或装配夹具测量
14	锅筒纵向成排等高管接头高度偏差	用测深尺测量两端管接头高度，合格后，在两端管接头端面上各放一等高垫块，在其上拉一直线，用钢尺测量其余各管接头端面与直线之间的距离，减去垫块高度，以最大差值计算
15	锅筒上焊接件焊缝外观质量	目测，有争议可用适用量具检查
16	管座法兰焊缝外质量	目测，有争议可用适用量具检查
17	组装锅炉上下锅筒间中心距偏差	根据结构情况，用水平、垂直吊线测量

续表

序号	检测项目	检测方法
18	水位表管座安装质量	装上水位表上下考克及垫片，拧紧螺栓后，用直径比考克孔径小 1mm 的管子，检查其能否自由通过
19	锅筒上各水位表座下法兰中心线至锅筒水平中心距偏差	用专用量具或装配夹具检查
20	锅筒基准中心线	基准中心线包括筒体纵向中心线、锅炉长度中心线（测集中下降管管接头纵向偏移用）、集中下降管管接头纵向中心线（测集中下降管管接头环向偏移及倾斜用）。应有明显的样冲标记，并用油漆标明
21	锅炉焊缝布置	目测，必要时用卷尺测量
22	油漆	目测，必要时测量涂层厚度
23	包装	目测
24	产品、材料、焊工等钢印或标识	目视检测，并与设计及施工工艺文件要求核对

5.3.11 锅炉钢架主要检测项目及检测方法（表 5-11）

表 5-11 锅炉钢架主要检测项目及检测方法

序号	检测项目	检测方法
1	板梁（主 梁）组合拼接	目测，必要时用卷尺测量
2	盖板对接焊缝外形尺寸和表面质量	目测，用焊接检验尺测量
3	腹板对接焊缝外形尺寸和表面质量	目测，用焊接检验尺测量
4	盖板与腹板角焊缝表面质量	目测，用焊接检验尺测量
5	托架角焊缝表面质量	目测，用焊接检验尺测量
6	板梁的总长偏差	检测上、下盖板宽度中心位置上的梁的长度
7	两端支点间尺寸偏差	检测两支点板中心间的距离
8	板梁的高度偏差	检测两端面腹板中心处的高度
9	板梁的宽度偏差	上、下盖板全长每隔 2 米检测一次
10	腹板中心位置偏移	检测两端面腹板中心线与盖板中心线之间位移值
11	板梁的旁弯度	使梁立置在腹板之一侧拉线检测，测点距焊缝边缘 100mm
12	板梁的垂直度	使梁卧置在盖板中心位置一侧拉线检测
13	盖板倾斜度	用角尺测量两端面

续表

序号	检测项目	检测方法
14	托架高度偏差	全检基准线以基准线为准
15	托架倾斜度	全检、检测两个端面基准线以图示为准，测量托架根部两高度之差值，同时以腹板为基准用直角尺检查垂直度（即 δ_2 值）
16	托架中心基准线间距离偏差	全检，用卷尺测量
17	腹板局部平面度	用两个等高垫块，节距1米，每侧各测5点
18	同一组孔群内相邻两孔之间中心距偏差	用游标卡尺测量
19	孔群中心与基准线之间	检查开孔区摩擦面与试验样板对照
20	节点装配孔周边缘加工质量	目测
21	立柱组合断面外形的垂直度	在全长内任意检测5个断面（在互成90°的两个方位上），在同一平面两边缘各放一等高垫块（垫铁），直角尺放置在垫铁上，测量直角尺与断面间隙变化数据，减去垫铁高度，比较断面上的间隙尺寸变化，即得垂直度
22	立柱全长偏差	用盘尺测量四条棱边的长度
23	立柱全长直线度	全长拉线检测互成90°的两个方位
24	立柱托架高度偏差	全检，按同一基准面测量托架板两端的高度取平均值
25	立柱托架平面倾斜度	全检，按同一基准面测量托架根部两高度值后，相减而得标高数值，以柱面为基准，用角尺检测平面值
26	立柱底板平面度	放线，测量各块垫铁相对高度，或者测量柱底板的水平度
27	底板与柱中心的垂直度	用1米等边直角尺和塞尺测量互成90°的两个方位，以立柱本体为基准
28	孔群中心与柱脚线之间偏差	用直尺、卡尺测量
29	立柱拼接端面平面度	用直角尺配合钢直尺或塞尺测量
30	立柱拼接端面倾斜度	用直角尺配合钢直尺或塞尺测量
31	钢架焊缝布置	目测，必要时用卷尺测量
32	油漆	目测，必要时测量涂层厚度
33	包装	目测
34	产品、材料、焊工等钢印或标识	目视检测，并与设计及施工工艺文件要求核对
35	组合断面外形尺寸偏差	用直角尺和钢板尺配合，测量断面尺寸偏差

5.4 压力容器检测

参照压力容器安全技术监察规程、GB150压力容器标准，压力容器生产中主要检验项目及检验方法等如下所述。

5.4.1 压力容器产品检验（表 5-12）

表 5-12 压力容器产品检验项目和方法

序号	检测项目	检测方法
1	主要受压元件材料	投料应按标准进行外观检查并做好检验记录和报告。核查实物及凭证
2	受压元件用焊接材料	投料应按标准进行外观检查并做好检验记录和报告。核查实物及凭证
3	产品焊接试板	检查试件及试样
4	A、B类焊缝余高和宽度	用焊接检验尺、样板和量具等测量
5	C、D类焊缝质量	用焊接检验尺、量具等测量
6	焊接接头对口错边量	用焊接检验尺测量，或用样板及测深尺测量焊缝两侧的高度差即为焊缝对接边缘偏差。测量几处，以最大值计算
7	焊缝棱角度	用样板及测深尺测量
8	筒体圆度（同一断面最大最小内径差）	①单节筒体，可以将筒体竖直放置，在端口每隔45°用卷尺测量内径的最大与最小值之差，两端分别测量，以最大值计算。 ②用内径检测量具测量任意截面最大和最小内径，以最大差值计算
9	筒体直线度	在集箱两端距焊缝边缘100mm处各放一等高垫块，在其上拉一直线，用钢尺测量直线到集箱的最大距离，减去垫块高度即为直线度。 遇焊缝须离开50mm，在相距90°两个方位上测量，以最大值计算。 为避免拉线下垂因素的影响，拉线位置与集箱之间是水平方向
10	焊缝布置	目测，用卷尺测量
11	壳体厚度	用游标卡尺测量或超声波测厚仪检测
12	管口支座及内件的方位尺寸及公差	用直角尺、卷尺、钢板尺等测量。采用划线、专用量具或装配夹具检查
13	不等厚板（锻）件对接接头未进行削薄过渡的超差情况	用样板及测深尺测量
14	设备主体总长	用钢卷尺量设备两端的长度，在直径方向测量2次，以最大差值计算
15	容器表面质量	目测，必要时用适用量具检测
16	封头成形质量	封头几何尺寸、直边倾斜、皱褶等用钢直尺、直角尺等配合检测
17	接管法兰组装形位尺寸	用测深尺或装配夹具测量
18	M48以上的螺纹需件（含设备主螺栓螺母垫片）质量	用卡尺、专用量具测量。 测量内容：牙形角，螺纹中径，表面粗糙度
19	法兰锻件	用游标卡尺、钢板尺、直角尺测量

续表

序号	检测项目	检测方法
20	密封面质量	目测表面粗糙度比较样块
21	外购安全附件及主要配整件	型号规格、量程精度、表面质量等目测检查
22	自制安全附件及主要配整件	型号规格、量程精度、表面质量等目测检查
23	容器内部清洁度	目测
24	防锈油漆	目测，油漆表面光滑颜色光滑均匀美观
25	包装铭牌	目测
26	产品、材料、焊工等钢印或标识	目视检测，并与设计及施工工艺文件要求核对

5.4.2　在用压力容器检验主要项目和方法（表5-13）

表5-13　在用压力容器检验主要项目和方法

序号	检测项目		检测方法
1	结构检查	筒体与封头的连接	目视检查本体、接口部位、焊接接头等是否存在裂纹、过热、变形、泄漏等
2		方形孔、人孔、检查孔及其补强	查看，或用钢板尺及其它量具测量
3		角接接头	查看、用焊接检验尺测量
4		搭接接头	查看、用焊接检验尺测量
5		焊缝布置不合理	查看、用卷尺测量等
6		封头（端盖）	查看、用钢板尺或其它量具测量
7		支座或支承	查看、用钢板尺或其它量具测量
8		法兰	目测是否有腐蚀、开裂、机械损伤、泄漏
9		排放（疏水、排污）装置	目测是否有腐蚀、开裂、机械损伤、泄漏
10		检漏孔、信号孔	目测检漏孔、信号孔有无漏液、漏气，疏通检漏管
11	几何尺寸检查	纵、环焊缝对口错边量、棱角度	应用焊接检验尺测量，用检测样板和测深仪测量
12		焊缝余高、角焊缝的焊缝厚度和焊角尺寸	应用焊接检验尺测量，用检测样板和测深仪测量
13		同一断面上最大直径与最小直径	用内径伸缩尺测量
14		封头表面凹凸量、直边高度和纵向皱褶	用直角尺、钢直尺测量
15		直立压力容器和球形压力容器支柱的铅垂度	用铅坠钢板尺检测；用全站仪检测

续表

序号	检测项目		检测方法
16	表面缺陷	机械损伤	测定其深度、直径、长度及其分布，并标图记录
17		表面裂纹	内表面的焊缝（包括近缝区），应以肉眼或5～10倍放大镜检查裂纹；对应力集中部位、变形部位、异种钢焊接部位、补焊区、工卡具焊迹、电弧损伤处和易产生裂纹部位，应重点检查；有晶间腐蚀倾向的，可采用锤击检查，用0.5kg重的手锤，敲击焊缝两侧或其它部位；绕带式压力容器的钢带始末端焊接接头，应进行表面裂纹检查
18	表面缺陷	变形及变形尺寸测定，可能伴生的其它缺陷	用钢直尺、测深仪、卷尺等，测定变形量
19		腐蚀及焊缝咬边部位检查	用焊接检验尺测量；用样板、测深仪测量。 对焊接敏感性材料，还应注意检查可能发生的焊趾裂纹。测定其深度、直径、长度及其分布，并标图记录
20	保温层、隔热层、衬里	检查保温层有无破损、脱落、潮湿、跑冷	目视检测。保温层一般应拆除，拆除的部位、比例由检验员确定。有下列情况之一者，可不拆除保温层：外表面有可靠的防腐蚀措施；外部环境没有水浸入或跑冷；对有代表性的部位局部抽查，未发现裂纹等缺陷；壁温在露点温度以上；有类似的使用经验
21		有金属衬里的压力容器	目视检测。如发现衬里有穿透性腐蚀、裂纹、局部鼓包或凹陷、检查孔已流出介质，应局部或全部拆除衬里层，查明本体的腐蚀状况或有无其它缺陷
22		带堆焊层衬里的压力容器	应检查堆焊层的龟裂、剥离和脱落等
23		非金属材料作衬里的压力容器	如发现衬里破损、龟裂或脱落，或在运行中本体壁温出现异常，应局部或全部拆除衬里，查明本体的腐蚀状况或有无其它缺陷
24	安全附件	压力表	型号规格、量程、精度、检定校准有效期、安装位置、数量等
25		温度计	型号规格、量程、精度、检定校准有效期、安装位置、数量等
26		液位计	型号规格、量程、精度、安装位置、数量等
27		安全阀	型号规格、量程、精度、检定校准有效期、安装位置、数量等
28		爆破片	型号规格、量程、精度、有效期、安装位置、数量等

续表

序号	检测项目		检测方法
29	安全附件	易熔塞	型号规格、量程、精度、有效期、安装位置、数量等
30		紧急切断阀	型号规格、量程、精度、有效期、安装位置、数量等
31		快开门装置	型号规格、量程、精度、有效期、安装位置、数量等
32	基础及压力容器与相邻管道或构件	基础下沉、倾斜、开裂	目视检测，用水准仪、全站仪测试
33		地脚紧固螺栓	目视检测。用检验锤敲击法对高强度大六角头螺栓进行普查，敲击检查时，一手扶螺栓（或螺母），另一手敲击，要求螺母（或螺栓头）不偏移、不颤动、不松动，锤声清脆
34		压力容器与相邻管道或构件	目视检测、耳朵听，是否有异常振动、响声，相互摩擦

5.5　焊接钢结构的目视检测

钢结构工程检测，是一个复杂系统的工作，本章仅简单介绍部分工程测量方法和工艺，重点是焊接结构工程。详细精准的测量可以参考《建筑变形测量规范》（JGJ 8—2016）。

钢结构工程检测步骤一般包括：现场踏勘 → 控制点交接和复测 → 测量控制网布设 → 场区测量控制网及投影点布设 → 构件安装测量 →焊接时的变形监测 → 结构复测 →过程监测→ 竣工测量。

测量工序伴随整个钢结构施工过程，应对施工进行全程检测，并将测量记录结果反馈到技术部门，为下一步施工提供决策依据。钢结构工程测量主要内容：

① 平面控制网测设与垂直传递。

② 水准控制网测设与垂直传递。

③ 主轴线、水准线测量放样。

④ 钢柱、钢梁吊装测量控制。

⑤ 变形观测。包括焊接收缩、钢柱压缩量观测。

⑥ 测量数据的整理与归档。

5.5.1　钢结构焊接接头的目视检测

钢结构焊接接头的目视检测项目和方法见表 5-14。

表 5-14 钢结构焊接接头的目视检测

检测项目	检测部位	质量要求	检测技术
设计符合性检查	焊接结构几何尺寸	符合设计要求	用卷尺、焊接检验尺、样板、直尺等测量
	焊接结构母材	符合设计要求，与设计图不一致时，应有设计变更说明	查标识，材质证明、下料加工流转卡资料
	焊接材料	符合设计要求，与设计图不一致时，应有设计变更说明	查标识，材质证明、下料加工流转卡资料
	焊接变形	符合验收规范	用卷尺、焊接检验尺、样板、直尺等测量
表面清理	所有焊缝及其边缘	无焊渣、飞溅及阻碍检验的附着物	目视检测
焊接结构表面质量	钢结构表面	检测部位表面不应有裂纹、气泡、结疤、夹杂、折叠、拉裂等缺陷	目视检测
几何形状	焊缝与母材连接处	焊缝完整、不得有漏焊，连接处应圆滑过渡	可用焊接检验尺测量、样板测量
	焊缝形状和尺寸急剧变化的部位	焊缝高低、宽窄及结晶焊波应均匀	
焊接缺陷	①整条焊缝和热影响区附近 ②重点检查焊缝的接头部位、收弧部位、几何形状和尺寸突变部位	①无裂纹、夹渣、焊瘤、烧穿等缺陷 ②气孔、咬边应符合有关标准规定	接头部位易产生焊瘤、咬边等缺陷 收弧部位易产生弧坑、裂纹等缺陷
划痕等表面损伤补焊	装配拉肋板除部位	无缺肉及遗留焊疤	目视检测，使用放大镜
	母材引弧部位	无表面气孔、裂纹夹渣、疏松等缺陷	
	母材机械划伤部位	划伤部位不应有明显棱角和沟槽，伤痕深度不超过有关标准规定	
焊接节点	多余外露的焊接衬垫板	应去除	目测检测
	节点焊缝封闭	焊接完整，焊缝成形及尺寸符合要求	目测检测，用焊接检验尺测量
	交叉节点夹角	符合设计要求	对照设计图纸，用样板或量具测量
	现场焊接剖口方向角度	符合工艺要求	焊接检验尺测量
涂装	表面	油漆表面光滑，颜色均匀美观	图层测厚仪检测涂层厚度

5.5.2　立柱钢结构的目视检测

建筑钢结构中，钢柱、钢管混凝土柱和方形钢柱等立柱的测量是外框架钢结构测量的重点，基础上的立柱根部在做施工控制网时同时控制。控制时平面坐标由垂准仪垂直向上传递。传递后，在层内以全站仪校核相对关系并在间隔一定高度的层面，与内筒内的土建控制传递点进行相互校核。高程由全站仪在天顶方向直接测距，并由周边其它控制点，以钢尺垂直传递及三角高程的方式进行校核。使用垂准仪垂直投点的方式进行测量控制，能有效地避免结构变形影响，减少累积误差的存在。测量时间一般定在早上太阳出来前后时间段内完成，以减少温度变形的误差。钢结构单根钢柱的目视检测主要检测项目及方法见表 5-15。

表 5-15　钢结构单根钢柱的目视检测主要检测项目和方法

序号	类别	检测项目	检测方法	示意图
1	单节立柱主要尺寸	单节柱高度 H	用钢卷尺测量	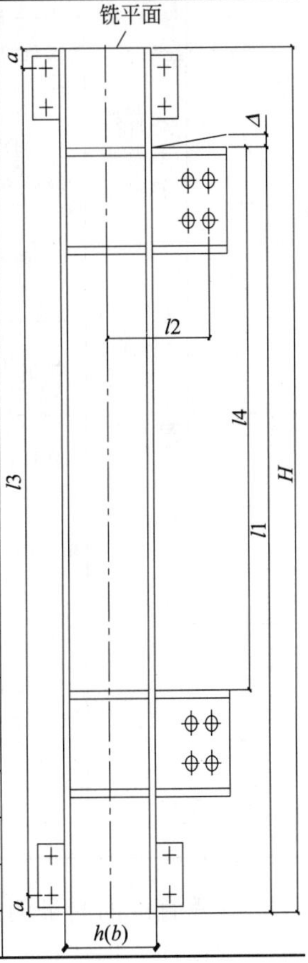
2		铣平面到第一个安装孔距离 a	用钢板尺、游标卡尺测量	
3		柱身弯曲矢高 f	用拉线和钢尺检查	
4		单节柱的柱身扭曲	用拉线、吊线和钢尺检查	
5		柱底到牛腿支撑面距离 $l1$	用钢卷尺测量	
6		牛腿端孔到柱轴线 $l2$ 距离 $l2$	用钢卷尺测量	
7		两端最外侧安装孔距离 $l3$	用钢卷尺测量	
8		层高距离 $l4$	用钢卷尺测量	
9		牛腿的翘曲或扭曲 Δ	用拉线、直角尺和钢尺检查	
10		柱上牛腿和连接耳板	测量	
11		方钢箱柱柱身扭转	用直尺、直角尺、卷尺检查	
12		构件运输过程变形	用直尺、直角尺、卷尺检查	
13		柱脚底板平面度	用直尺、直角尺检查	

续表

序号	类别	检测项目	检测方法	示意图
14	构件外观及外形尺寸	箱型截面尺寸 $h(b)$	用直尺、直角尺测量	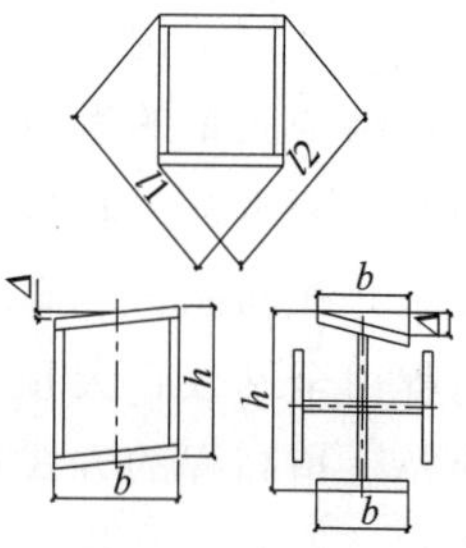
15		箱型截面连接处对角线差	用直尺、直角尺测量	
16		构件表面平直度	用直尺,直角尺、钢丝、垫块等测量	
17		箱型柱身板垂直度	用直尺、直角尺测量	
18		加工面垂直度	用直尺、直角尺测量	
19		工字型截面尺寸	用直尺、直角尺测量	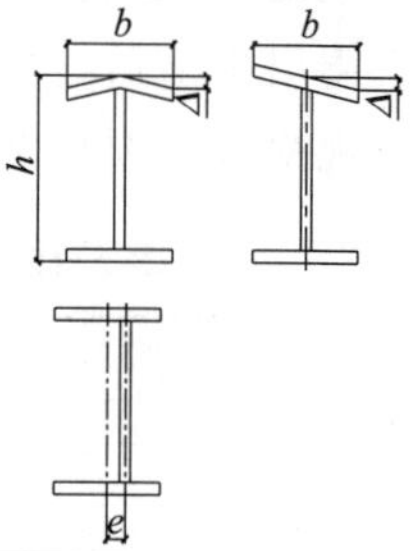
20		工字钢翼缘变形	用直尺、直角尺测量	
21		工字钢腹板弯曲	直尺、钢丝垫块等测量	
22		翼缘板对腹板的垂直度	用直尺、直角尺测量	
23		连接处腹板中心偏移 e	用直尺测量	
24		角钢变形量	用直尺、直角尺测量	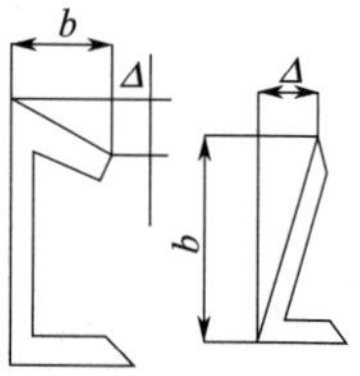
25		槽钢变形量	用直尺、直角尺测量	
26		预留孔大小、数量	用钢直尺、游标卡尺测量	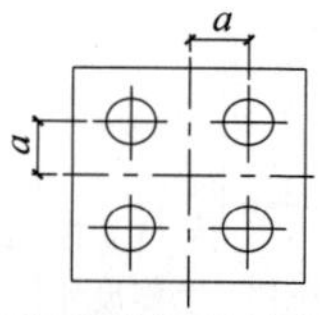
27		螺栓孔数量、间距	用钢直尺、游标卡尺测量	
28		扁钢 1 平方米范围内平面度	用 1 米钢直尺和钢板尺(塞尺)测量	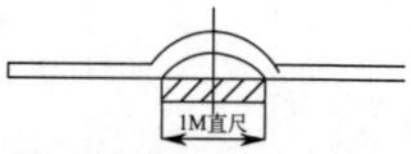
29		连接摩擦面	目测检查	
30		表面防腐油漆	目测、用测厚仪检查	
31		表面污染	目测检查	

柱垂直度的测量测控（图 5-1）如下所述。

钢构件、钢结构安装主体垂直度检测，应测定钢构件、钢结构安装主体顶部相对于底部的水平位移与高差，分别计算垂直度及倾斜度。

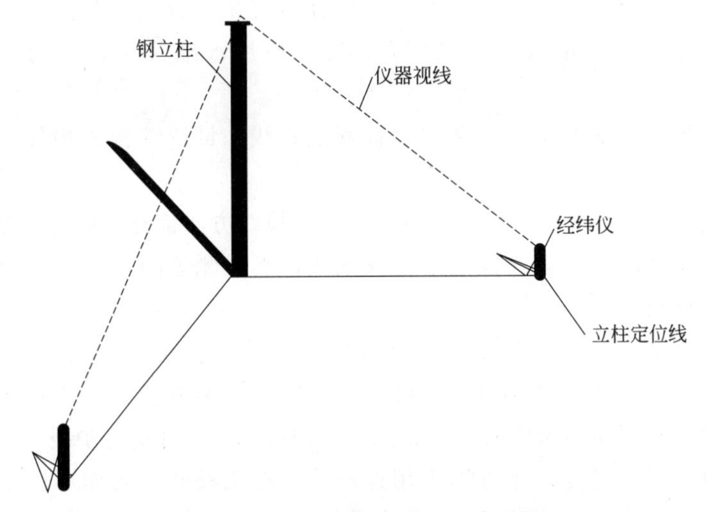

图 5-1　钢立柱的垂直度和标高测量

测量尺寸不大于 6m 的构件变形，可用拉线、吊线锤的方法检测。测量构件的垂直度时，从构件上端吊一线锤直至构件下端，当线锤处于静止状态后，测量吊锤中心与构件下端的距离，该数值即是构件的水平位移。

尺寸大于 6m 的钢构件垂直度、侧向弯曲矢高以及钢结构整体垂直度与整体平面弯曲宜采用全站仪或经纬仪检测。可用计算测点间的相对位置差来计算垂直度或弯曲度的方法，也可采用仪器引出基准线，放置量尺直接读取数值的方法。

将两台激光经纬仪置于柱基相互垂直的两条轴线上，视线投射到预先固定在钢柱的靶标上，光束中心同靶标中心垂直，且旋转最少 3 次的经纬仪水平度盘。若投测点都重合，表明钢柱垂直度无偏差。也可以采用一台全站仪通过柱底、柱顶的坐标控制，确保柱底与柱顶各定位点坐标在相同轴线上的数据在验收规范允许误差之内。

当测量结构或构件垂直度时，仪器应架设在与倾斜方向成正交的方向线上距被测目标 1～2 倍目标高度的位置。

当用全站仪检测，现场光线不佳、起灰尘、有震动时，应用其它仪器对全站仪的测量结果进行对比判断。

5.5.3　钢结构梁的检测

锅炉的大板梁挠度或其它钢梁的挠度的测量方法，通常有以下三种。

一般钢梁的定位测量包括水平位置测量和梁顶水平度的测量两部分，

使用全站仪进行控制，在钢梁测量定位前要先在梁顶中心位置划上中心线。根据内业计算出梁端头中心点的定位坐标通过全站仪进行打点定位，梁顶面的水平度通过水准仪和钢尺配合测量。使用水准仪对钢梁的标高进行复核。

变形检测的基本原则是利用设置基准直线，量测结构或构件的弯曲变形、跨中挠度。

测量尺寸不大于 6m 的构件变形，可用拉线方法检测。测量构件弯曲变形时，从构件两端拉紧一根细钢丝或细线，然后测量跨中构件与拉线之间的距离，该数值即是构件的变形。

测量跨度大于 6m 的钢构件挠度，宜采用全站仪或水准仪。钢构件挠度观测点应沿构件的轴线或边线布设，每一构件不得少于 3 点。将全站仪或水准仪测得的两端和跨中的读数相比较，即可求得构件的跨中挠度。

测量钢梁的挠度，还可以采用连通管。在钢梁的上表面不同部位，找出最多变形部位，通过测量连通管水位标高，测量钢梁的挠度。

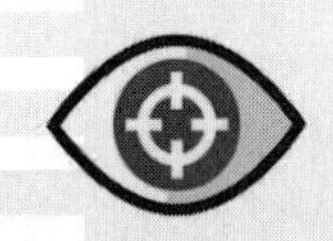

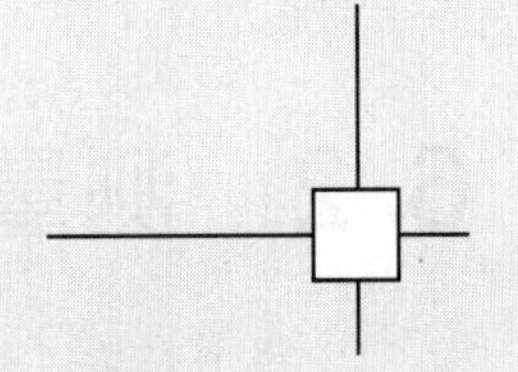

第6章 宏观目视检测过程及安全要求

6.1 测量准备

① 目视检测前应制定检测工艺或作业指导书，明确测量项目和检测条件。确定人员配置和仪器设备配置。

② 准备好测试记录。所有测量仪器必须经专门机构检测认定为合格仪器。

③ 正确使用和精心爱护仪器，每次测量完毕，首先要对仪器进行检查，具备装箱条件方可装进仪器箱，并检查仪器的电池和备用电池的电量，保证仪器随时有足够的电量可以使用。

④ 仪器操作人员不允许擅自离开岗位，以免仪器由于外力而引起倾倒、摔坏。在架设水准仪等仪器时要保证架设地点坚硬，不致因架设仪器后，发生下沉现象。

⑤ 目视检测的环境条件，应有足够的照明，保证检测照度。当温度、风速、雾霾等影响检测质量时，应控制并记录检测环境条件。

⑥ 影响检验的附属部件或者其它物体，应按检验要求进行清理或者拆除；需要进行检验的表面，特别是腐蚀部位和可能产生裂纹性缺陷的部位，

必须彻底清理干净，母材表面应当露出金属本体。

6.2 测量过程中的注意事项

① 每个安装过程必须固定测量人员和测量仪器，不得随便更换施测人员和测量器具，以保证测量数据相对准确。

② 施测过程的每个环节都应精心操作，对中要准确，测角应采用复测法，后视应选长边，切忌以短边定长边。遵循“先整体后局部，高精度控制低精度”的基本原则。

③ 无论是全站仪的平面测量，还是水准仪的高程测量，每次测量操作都要进行闭合检查，确保测量无误时方可进行下一步工作。

④ 测量人员要注意做好测量桩位点的保护，对于需要复验的测点和需要经常观测的可能变化的测点应精确定位。

⑤ 测控时要考虑外界因素的影响，如太阳照射、风力等因素，结构安装时尽可能选用在早晨时间进行测量。如若不然，次日早晨必须对前一天的测量成果进行复核，误差在规定范围内才允许进入下一道工序。

⑥ 测量数据要有专人记录，数据处理要保证至少经过两人计算、复核，坚持测量、计算步步有校核的工作方法。

6.3 检测安全要求及注意事项

① 测量前首先进行安全技术交底，并接受项目部的安全教育活动和培训，正确佩戴安全帽等劳动保护用品。

② 施工现场不得穿裙子、拖鞋、短裤等宽松衣物；在登高作业时应佩戴好安全带，并挂在安全可靠处。

③ 办公场所做好防火、防盗等保卫工作，避免仪器设备丢失，影响工作正常开展。

④ 测量人员发现安全隐患必须及时报告领导，并做好记录，并报告总承包单位及时处理。

⑤ 注意用电安全。在锅筒和潮湿的烟道内检验而用电灯照明时，照明电压不应超过 24V；在比较干燥的烟道内，而且有妥善的安全措施，可采用不高于 36V 的照明电压；进入容器检验时，应使用电压不超过 12V 或 24V 的低压防爆灯；检验仪器和修理工具的电源电压超过 36V 时，必须采用绝

缘良好的软线和可靠的接地线。锅炉、容器内严禁采用明火照明。

⑥ 注意监护。进入锅筒、容器进行检验时，锅炉或容器外必须有人监护。

⑦ 交叉作业时，要有可靠的防护措施，做到“三不伤害”。

⑧ 切断与压力容器有关的电源，设置明显的安全标志；检验照明用电不超过24V，引入压力容器内的电缆应当绝缘良好，接地可靠。

⑨ 为检验而搭设的脚手架、轻便梯等设施必须安全牢固（对离地面3m以上的脚手架设置安全护栏）。

⑩ 禁止带压拆装连接部件。检验锅炉和压力容器时，如需要卸下或上紧承压部件的紧固件，必须将压力全部泄放以后方能进行，不能在器内有压力的情况下卸下或上紧螺栓或其它紧固件，以防发生意外事故。

⑪ 需要进行开罐检验的压力容器，内部介质必须排放、清理干净，用盲板隔断所有液体、气体或者蒸汽的来源，同时设置明显的隔离标志。禁止用关闭阀门代替盲板隔断。

⑫ 需要进行开罐检验的盛装易燃、助燃、毒性或者窒息性介质的压力容器，使用单位必须进行置换、中和、消毒、清洗、取样分析，分析结果必须达到有关规范、标准的规定。取样分析的间隔时间，应当在使用单位的有关制度中做出规定。盛装易燃介质的，严禁用空气置换。

⑬ 在进入锅筒、容器前。必须将锅筒、容器上的人孔和集箱上的手孔全部打开，使空气对流一定时间，充分通风。在进入烟道或燃烧室检查前，也必须进行通风。必须清除可能滞留的易燃、有毒、有害气体；压力容器内部空间的气体含氧量应当在18%～23%（体积比）。必要时，还应当配备通风、安全救护等设施。

⑭ 能够转动的或者其中有可动部件的压力容器，应当锁住开关，固定牢靠。移动式压力容器检验时，应当采取措施防止移动。

⑮ 高温或者低温条件下运行的压力容器，按照操作规程的要求缓慢地降温或者升温，使之达到可以进行检验工作的程度，防止造成伤害。

参 考 文 献

[1] 王晓雷．承压类特种设备无损检测相关知识［M］．2版．北京：中国劳动社会保障出版社，2007.

[2] 李以善，刘德镇．焊接结构检测技术［M］．北京：化学工业出版社，2009.

[3] 李以善，潘锋．无损检测员：基础知识［M］．北京：机械工业出版社，2016.

[4] 李以善，汪立新．无损检测员——超声波检测［M］．北京：机械工业出版社，2013.

[5] 李世玉．压力容器设计工程师培训教程——容器建造技术［M］．北京：新华出版社，2005.

[6] 濮良贵，陈国定，吴立言．机械设计［M］．9版．北京：高等教育出版社，2013.

[7] 廖念钊，古莹菴，莫雨松，等．互换性与技术测量［M］．5版．北京：中国计量出版社，2007.

[8] 吴建昌，师五喜．几种常见的表面粗糙度仪［J］．仪器仪表用户，2009，16（3）：122-123.

[9] 赵书瀚，李以善．压力容器内表面目视检测照明系统分析：2019远东无损检测新技术论坛论文集［C］．2019.

[10] 李兴才．压力容器检验中的无损检测方法研究［J］．工程技术研究，2017（2）：116-117.

[11] 申晓彦，王鉴．用于视觉检测的光源照明系统分析［J］．灯与照明，2009，33（3）：7-9.

[12] 尚会超，杨锐，段梦珍，等．机器视觉照明系统的关键技术分析［J］．中原工学院学报，2016，27（3）：16-21.

[13] 国家市场监督管理总局，中国国家标准化管理委员会．产品几何技术规范（GPS）几何公差 形状、方向、位置和跳动公差标注：GB/T 1182—2018［S］．北京：中国标准出版社，2018.

[14] 国家技术监督局．形状和位置公差 未注公差值：GB/T 1184—1996［S］．北京：中国标准出版社，1996.

[15] 国家市场监督管理总局，中国国家标准化管理委员会．产品几何技术规范（GPS）基础 概念、原则和规则：GB/T4249—2018［S］．北京：中国标准出版社，2018.

[16] 中华人民共和国国家质量监督检验检疫总局，中国国家标准化管理委员会．产品几何技术规范（GPS）几何公差 最大实体要求、最小实体要求和可逆要求：GB/T 16671—2009［S］．北京：中国标准出版社，2009.

[17] 中华人民共和国国家质量监督检验检疫总局．产品几何量技术规范（GPS）几何公差 位置度公差注法：GB/T 13319—2003［S］．北京：中国标准出版社，2003.

[18] 中华人民共和国国家质量监督检验检疫总局，中国国家标准化管理委员会．无损检测 应用导则：GB/T 5616— 2014［S］．北京：中国标准出版社，2014.

[19] 中华人民共和国国家质量监督检验检疫总局，中国国家标准化管理委员会．无损检测 目视检测 总则：GB/T 20967—2007［S］．北京：中国标准出版社，2007.

[20] 中华人民共和国国家质量监督检验检疫总局，中国国家标准化管理委员会．无损检测 目视检测辅助工具 低倍放大镜的选用：GB/T 20968—2007［S］．北京：中国标准出版社，2007.

[21] 中国国家标准化管理委员会．表面检测的金相复型技术：GB/T 17455—2008［S］．北京：中国标准出版社，2008.

[22] 中华人民共和国国家质量监督检验检疫总局，中国国家标准化管理委员会．无损检测 人员资格鉴定与认证：GB/T 9445—2015［S］．北京：中国标准出版社，2015.

[23] 中华人民共和国国家质量监督检验检疫总局，中国国家标准化管理委员会．标准对数视力表：GB/T 11533—2011［S］．北京：中国标准出版社，2011.

[24] 国家能源局．承压设备无损检测 第7部分：目视检测：NB/T 47013.7—2012［S］．

[25] 中华人民共和国工业和信息化部．无损检测仪器目视检测设备：JBT/T 11601—2013［S］．北京：机械工业出版社，2013.